constelações

ensaios do corpo

SINÉAD GLEESON

TRADUÇÃO
Maria Rita Drumond Viana

/re.li.cá.rio/

Para Steve,
por tudo.

E em memória de Terry Gleeson.

"Ao censurar o corpo, censura-se,
ao mesmo tempo, o fôlego, a fala. Escreve-te:
é preciso que teu corpo se faça entender."

Hélène Cixous, *O riso da Medusa*
(trad. Luciana Deplagne)

"Empiricamente falando, somos
feitos de matéria estelar. Por que
não falamos mais sobre isso?"

Maggie Nelson, *Argonautas*
(trad. Rogério Bettoni)

"Fiquei de pé sob a bandeira da
maternagem e abri minha boca,
embora eu não soubesse o hino."

Liz Berry, *The Republic of Motherhood*
[*A república da maternagem*]

"Talvez seja o corpo a única pergunta que
uma resposta não consegue extinguir."

Ocean Vuong, "Immigrant Haibun",
Night Sky with Exit Wounds
[*"Haibun imigrante"*, *Céu noturno com feridas de saída*]

11

Apresentação

17

Colinas azuis e ossos de giz

35

Cabelo

51

60.000 milhas de sangue

77

Sobre a natureza atômica dos trimestres

93

Panóptico: visões do hospital

105

As luas da maternidade

123
As assombrações das mulheres assombradas

137
Onde dói?
(vinte histórias baseadas no questionário de dor de McGill)

157
A ferida emite luz própria

171
Doze histórias de autonomia corporal
(para as doze mulheres que partiam todos os dias)

183
Uma não carta para minha filha
(que tem nome de rainha guerreira)

189
Eu sei o que é primavera:
(Clarice, crônicas e Corcovado)

212
Sobre a autora

213
Sobre a tradutora

Apresentação

Maria Rita Drumond Viana

O livro que você tem em mãos é uma obra de tradução que não existe em outra língua, pois trata-se de um projeto pensado para quem vai lê-lo no Brasil. Mais do que uma apresentação, quero contar algumas histórias de bastidores, o tipo de coisa que eu e quem pesquisa tradução nos perguntamos... e em geral não encontramos respostas satisfatórias: quem tomou qual decisão e por quê?

Em um livro que fala tanto de famílias e suas relações, acho que faz sentido pensarmos nesta tradução como uma irmã mais nova das edições em inglês, publicadas primeiramente na Irlanda e depois no Reino Unido e nos Estados Unidos. Ela guarda também traços de parentesco com todas as outras edições nas mais diversas línguas para as quais o original foi vertido. Esta tradução puxou a edição inglesa (Londres: Picador, 2019), que foi usada como texto-base, mas difere dela em dois aspectos cruciais. Primeiro, não traz todos os ensaios originalmente publicados (mais especificamente, "Our Mutual Friend", "The Adventure Narrative" e "Second Mother"): a pedido de Maíra, editora da Relicário, este *Constelações* é um livro mais conciso, buscando um público mais amplo que está se formando ao redor de leituras de não ficção e seus hibridismos. Nesse sentido, o recorte que propus o torna, paradoxalmente, menos pessoal, porque ficaram de fora ensaios sobre como se conheceram nossa autora e seu companheiro, assim como histórias de Terry, a tia a quem o livro é dedicado. Ao mesmo tempo, ele é mais pessoal, pois foca as vivências do corpo e as diversas formas de controle que, historicamente, a religião, a medicina e o Estado impõem a ele. Outra razão por que esse recorte se fez necessário foi a minha insistência em incluir aqui um novo ensaio, publicado na famosa revista *Granta* cerca de um ano depois da publicação de *Constellations* em inglês.

Tal texto, o último que você lerá (se for do tipo que lê na ordem), aparece aqui pela primeira vez em um livro, e é a nossa própria constelação nas reflexões que Sinéad propõe. Em sua publicação original, cada ensaio é relacionado a uma constelação (você pode conferir a legenda ao final do livro), e aqui temos o acréscimo do Cruzeiro do Sul, representando esse novo ensaio sobre o Brasil. Inspirado pelas leituras que Sinéad fez de Clarice Lispector em preparação para sua primeira visita a nosso país, em 2018, "Eu sei o que é primavera" é um conjunto de crônicas publicado depois do início deste projeto de tradução, mas cuja inclusão em nosso *Constelações* tornou-se essencial para mim.

Acontece que o contato de Sinéad com o Brasil antecede até mesmo sua visita, feita a convite do Núcleo de Estudos Irlandeses, criado por mim e por colegas na Universidade Federal de Santa Catarina. Sinéad estava quase finalizando o livro à época em que estávamos concluindo a programação do evento e nos escreveu relatando como o título da apresentação de meu orientando Vinícius Valim a havia inspirado a escrever um poema dedicado a sua filha, que ela então nos mandou. Lemos e depois a ouvimos declamar o poema, ainda inédito, em primeira mão, no espaço de nossa universidade. Existem muitas outras ligações além dessa, e espero que você as descubra ao longo do livro.

Sinto-me muito à vontade para referir-me a Sinéad assim, pelo primeiro nome, e mais à vontade ainda para contar essas histórias de bastidores, porque ela também é uma pessoa que gosta de compartilhar seus processos de trabalho com o público. Antes de *Constellations* e de seu primeiro romance, que está para ser publicado em breve, Sinéad fez-se notar como editora, organizadora e antologista. Seus projetos de edição são explicitamente políticos, trazendo já na capa o viés feminista de sua abordagem. *The Long Gaze Back: An Anthology of Irish Women Writers* [O olhar retrospectivo: uma antologia de escritoras irlandesas], de 2015, deixa evidente no título seu interesse em mudar o eixo da maioria das antologias de literatura irlandesa, a fim de incluir uma panorâmica ampla da tradição inscrita por mulheres, reunindo trinta contos publicados em quatro séculos distintos, incluindo textos raros (disponíveis apenas em edições esgotadas), clássicos e inéditos. O sucesso da antologia foi tão grande, e seu foco na representação de vidas plurais de mulheres irlandesas tão contundente, que a obra se tornou, em 2018, o livro do ano do programa *One Dublin One Book* [Uma Dublin, Um livro], o clube do livro oficial da capital irlandesa, e a razão por que a convidamos para nosso evento. O trabalho de seleção e de organização levado a cabo por editoras mulheres (como Sinéad, como Maíra) vem aos poucos sendo reconhecido como central para a diversificação e a bibliodiversidade das culturas literárias onde elas publicam, em suas línguas ou em tradução.

 Optamos também por restringir as notas explicativas de tradução, numa tentativa de não interromper a linguagem familiar da autora, que parece conversar com quem a lê. Como professora, fico com vontade de querer explicar o contexto histórico e religioso das Lavanderias de Madalenas na Irlanda, aproveitando, inclusive, para recomendar filmes (a exemplo de *Em nome de Deus*, de 2002, dirigido por Peter Mullan), como faço em minhas aulas. Ou mesmo de explicitar a importância de conectar o Brasil de hoje com as reflexões da autora acerca dos referendos em seu país sobre o casamento homoafetivo, em 2015, e principalmente sobre o aborto, em 2018. Fiz algumas tentativas didáticas nesse sentido, mas decidi que quem lê ganharia mais procurando suas próprias respostas, caso tivesse dúvidas.

No que diz respeito às escolhas de tradução, sobretudo quando o texto é tão focado na vida das mulheres e em seu corpo, a questão do gênero gramatical fica ainda mais premente. Se, por um lado, nota-se uma pressão de grupos feministas anglófonos pelo uso de formas neutras para os poucos substantivos que têm marcação de gênero em inglês (como *chairman*, o "presidente" de uma empresa, ou, mais importante para Sinéad, *washerwoman*, "lavadeira"), aqui no Brasil, tem-se focado no uso do feminino em contraponto ao masculino universal ou a formas supostamente neutras, como ficou tão evidente na palavra "presidenta". A reação forte contra tentativas de uso de linguagem neutra em escolas também demonstra como o gênero gramatical continua incitando muita controvérsia, mostrando-se como um desafio a mais para quem traduz do inglês para o português e está atenta a questões de gênero, como é o meu caso. Em relação às pessoas a quem Sinéad faz referência, fiz-lhe perguntas sobre cada uma delas, especialmente sobre aquelas da equipe de saúde, já que o embate com ortopedistas homens em sua adolescência marca seu corpo de forma indelével.

Mas, se a solução desse problema era razoavelmente fácil (porque pela primeira vez traduzi uma escritora viva e acessível!), a de outros, como a palavra *parenthood*, continuou intrincada. Entendo *parenthood* como mais que um qualificador de quem gesta, já que inclui também quem cria, e como algo que escapa aos binarismos de mãe e pai. Portanto, traduzir esta palavra como "paternidade" e "maternidade" (ou mesmo "maternagem", um termo relativamente recente que busca incluir relações de criação que escapam ao consanguíneo) presumiria uma família nuclear de duas pessoas adultas, mãe e pai, evocando também a ideia mais normativa de uma mulher e um homem cisgêneros. Para além da minha posição política, sei do apoio de Sinéad a vidas trans e a todo um espectro de famílias e pessoas que podem exercer o que convencionei então chamar de "parentalidade", depois da dica perspicaz de be rgb (assim, com minúsculas mesmo), tradutore e ativista da tradução inclusiva. Em outros casos, consultei a autora para saber quem ela estaria incluindo em algumas de suas agrupações, como uma turma de *friends* que, embora não especificada, estava preocupada com questões que ela entendia pertencer a quem tinha crescido como mulher na Irlanda em sua geração. Portanto, a palavra foi traduzida como "amigas". Na dúvida, sempre tentei simplificar em vez de explicar, a menos que a explicação fosse necessária e coubesse em uma curta ressalva.

O que infelizmente o original ainda não nos trouxe é uma edição ilustrada e musicada do livro. A escrita altamente alusiva de Sinéad me levou a pesquisar as grutas de Lourdes para entender como eram exatamente os banhos milagrosos (fazia sentido falar em piscinas? Banheiras?). Mas, mais importante, são todas as muitas obras de arte de que ela trata, entre pinturas, performances, instalações e músicas. Quem sabe uma futura edição possa trazer todas essas imagens, vídeos e sons embutidos e acessíveis? Em todo caso, recomendo, mais uma vez, a pesquisa independente e mesmo uma visita às sequências de imagens que a própria autora postou como tuítes em sua conta, @sineadgleeson, com a *hashtag* #constellations.

Por fim, tentei honrar as traduções de colegas sempre que havia citação de trechos de outras obras já publicadas em português. Em casos de traduções múltiplas de um mesmo texto, escolhi a que considerei se encaixar melhor no contexto de seu uso ou a que era mais acessível, torcendo para criar um interesse também por esse outro texto. Sei bem que não é usual encontrar esse tipo de informação em livros como este, e que os parênteses são meio intrusivos, mas o objetivo é, como nas citações acadêmicas, ajudar a quem quiser ir além do trecho citado, orientar sobre como encontrá-lo no mundo lá fora com mais facilidade. Desse dever de professora-tradutora eu não abro mão.

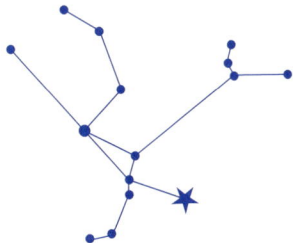

Colinas azuis e ossos de giz

O truque de deter a bala

O corpo sempre fica para depois. Não paramos para pensar em como o coração bate em ritmo constante, nem para observar nossos metatarsos abrindo-se como um leque a cada passo. A menos que ele seja acometido de prazer ou de dor, não temos em mente esse amontoado móvel de veias, sangue e ossos. Os pulmões se enchem, os músculos se contraem e não temos por que supor que um dia pararão. Até que, de repente, algo muda: uma pane corporal. O corpo – sua presença, seu peso – é, ao mesmo tempo, impossível de ignorar e constantemente desconsiderado. Passei a prestar mais atenção ao meu corpo poucos meses depois de completar treze anos, quando uma dor, nova e insistente, diminuiu meu ritmo. Meu corpo enviava sinais de alerta, mas eu não conseguia descobrir o que significavam. O líquido sinovial no meu quadril esquerdo começou a evaporar como a chuva. Ossos triturando-se uns aos outros, literalmente virando pó. Tudo aconteceu rapidamente, como um truque de mágica invertido: nada nesta mão, nada na outra, e de repente ali está. Num passe de mágica, basquete e corridas transformados em ossos doloridos e manquejo. Internações tornaram-se frequentes e acabei perdendo os primeiros três meses de aula por quatro anos seguidos.

Os médicos tentaram de tudo para resolver o mistério: primeiro, usaram "tipoia e tração" – um tipo de fisioterapia com instrumentos cujos nomes me lembravam uma dupla de palhaços. Depois, cirurgia. Biópsias. Aspiração: um nome que sugere esperança, mas que não deu resultados. Terry, minha madrinha, me visitava todos os dias, trazendo comidinhas e bichos de pelúcia que ganhava em máquinas, enquanto meus ossos continuavam a se desintegrar.

O diagnóstico final foi de artrite monoarticular. Os médicos falaram de uma operação chamada artrodese, que, mesmo no final da década de 1980, já evitavam realizar. "Especialmente em meninas", disse o cirurgião aos meus pais em meio a muitos pigarros, mas só descobri o que ele queria dizer anos depois. Que eu passaria anos desejando que meu corpo conseguisse fazer coisas que não podia e tendo que me explicar aos outros.

Números e rituais

Na Bíblia, há uma história em *Gênesis* sobre a luta de Jacó com um estranho, que acredita ser um anjo. Não conseguindo derrotar Jacó, o anjo toca-lhe o quadril, deslocando-o e deixando Jacó manco pelo resto da vida. Circunspecto, Jacó vê naquilo uma lembrança de sua mortalidade, do fato de que o anjo poupou sua vida. De que o eu espiritual é mais poderoso que o corpo físico.

Fui uma criança religiosa. Ia à missa toda semana, confessava-me periodicamente e, acima de tudo, acreditava fervorosa e profundamente em Deus, no céu e em todos os santos, o que também era reforçado pela doutrinação pesada na escola. Eu comprava livros de poesia religiosa na nossa igreja, da mesinha que uma amiga da minha avó mantinha perto do confessionário. Os poemas continham estrofes sobre a natureza, com rimas previsíveis, impregnadas de panteísmo. As capas sempre traziam imagens de campos, do céu e de flores. Mostras da real majestade do Senhor – mas eu cobiçava esses livrinhos de encadernação barata.

No final da década de 1980, o catolicismo na Irlanda ainda não tinha desmoronado. Os padres ainda eram temidos nas congregações e ainda demoraria muito para que se descobrisse que alguns estavam estuprando crianças. Um tipo muito específico de maus-tratos era infligido às mulheres. O uso de contraceptivos era ilegal até 1979 e, mesmo depois, só se podia comprá-los com receita médica. A dificuldade desse acesso fazia da gravidez não desejada algo comum. Até a década de 1960, uma mulher casada poderia estar permanentemente grávida: oito, dez, doze gestações não eram raras. Ouço-o como uma palavra só – "oitodezdoze" –, como se os números não importassem. Como se gravidezes de dois dígitos fossem algo a ser suportado de forma estoica, como uma gripe ou uma dor de cabeça. Amigas da minha mãe iam para a Inglaterra e traziam malas cheias de camisinhas para distribuir, como durante os tempos de guerra, com seus racionamentos.

Quando meu irmão mais velho nasceu, em 1970, minha mãe teve que ser "purificada" antes de poder voltar a frequentar a missa. O padre abençoava todas as novas mães, livrando-as da mácula de terem tido bebês. Aos olhos dos homens santos, até o parto contaminava o corpo das mulheres. Somente em 2018, realizou-se na Irlanda um referendo sobre o aborto. O resultado a favor da descriminalização levou à aprovação de uma lei cheia de limitações, mas que autorizava a interrupção de alguns tipos de gestação até a décima segunda semana.

Raias de corda

A primeira internação foi de três semanas, seguida de vários tipos de fisioterapia: consultas ambulatoriais e natação diária obrigatória.

Durante três meses, no inverno, minha mãe me levou todos os dias a uma piscina. Ficamos ambas cansadas do frio e daquela mesmice azul; de mim percorrendo a extensão da piscina em nado *crawl* e peito sobre os mosaicos do azulejo. Os dias viraram semanas e eu me projetei por raias de cloro morno sem maiores incidentes, até que uma noite um grupo de adolescentes barulhentos trombou comigo, um pé esfaqueando meu quadril. A dor inesperada teve o efeito de um apagão. Meu corpo travou, meu cérebro tentando entender o que tinha acontecido. Nenhuma braçada, apenas inércia. Olhava para o cloro borrado e me perguntava se a junta teria se danificado, e fui afundando, até um salva-vidas mergulhar e me pescar.

Minha avó tinha trabalhado em outro clube local e convenceu seus antigos colegas a me deixarem nadar lá depois do horário de encerramento. Sozinha, por cima das luzes subaquáticas, a tigela azulejada me amedrontava. Todo aquele azul e o silêncio, sombras da água refletidas no teto. Me dava medo imaginar o que estava por baixo de mim. A cada semana, eu nadava mais rápido e ficava mais forte. Meu corpo ficou invertido: braços fortes enquanto a fraca perna esquerda se recusava a mover-se ou a ganhar músculos. Foi murchando e é, até hoje, mais fina que a direita. Minha falta de simetria perdura.

1988

Em 1988, Dublin fez mil anos e a cidade celebrou com desfiles e garrafas de leite comemorativas. O slogan decidido para o ano pelos especialistas em marketing foi "*Dublin's Great in 88*" [Dublin é ótima em 88].

Em 1988, eu fiz treze anos e Ray Houghton fez um gol para a Irlanda contra a Inglaterra no Campeonato Europeu de Futebol. Mulheres de lenço na cabeça, como minha avó, acendiam velas nas igrejas na esperança de vencermos a União Soviética (empatamos) e a Holanda (perdemos).

Em 1988, minha mãe me levou a uma velha casa de tijolos vermelhos perto da rua Circular Sul em Dublin. A moradora possuía em um vidrinho uma pequena relíquia do Padre Pio, contendo um pouco de seus ossos. Meu quadril e os ossos de um santo católico uniram-se por um instante quando ela esfregou a relíquia em meu corpo e sussurrou suas preces. Embora nada tenha acontecido nas semanas seguintes, minha fé permaneceu forte. Desenvolvi o hábito de mergulhar os dedos na água benta ao ir à missa e jogar algumas gotas na direção da minha pelve.

Em 1988, minha escola anunciou uma viagem à França. O destino do ano anterior tinha sido a Rússia, e meu irmão foi carregando uma mala extra, cheia de chicletes e barras de chocolate, para fazer trocas. Voltou com distintivos de metal com figuras de Lenin e da Corrida Espacial, um Kremlin esculpido em madeira e um chapéu de pele de Ushanka. Já a viagem à França incluiria Paris com uma escala em Lourdes, e a procura foi tão grande (por causa de Paris, não de Lourdes) que tiveram que fazer um sorteio. Tive direito automático a uma vaga: minhas muletas significavam que eu era carta fora do baralho e que minha melhor amiga poderia me acompanhar. Ela era protestante e sua religião não permitia o mesmo tipo de devoção à Virgem Maria. Nenhuma de nós sabia se Nossa Senhora intercederia por mim. Todos me olhavam, já que pensavam que eu era a única chance de presenciarem um milagre.

Em 1988, um ano bissexto, passei todos os 366 dias do ano de muletas.

Esperança hipocrática

A artrite fez minha perna começar a se arrastar. Acostumei-me a mancar, ao barulho das muletas, mas, com isso, ganhei uma nova fonte de insegurança. Passei a evitar me enxergar nas vitrines, a me esgueirar pelas paredes quando tinha que atravessar a pista de dança ou um salão ou qualquer sala movimentada com pessoas alegres e descontraídas, mesmo que o caminho fosse mais longo. Entrava nos lugares pela direita para disfarçar meu andar torto. Quando alguém me perguntava o que tinha acontecido, sempre respondia que tinha caído, porque era mais fácil e rápido e menos constrangedor do que entrar na história toda. E aí está o x da questão. Durante aqueles anos, o que eu sentia, mais que qualquer outra coisa, era uma vergonha esmagadora. Vergonha dos meus ossos e das minhas cicatrizes e do meu andar canhestro. Queria me encolher, minimizar o espaço que ocupava. Li que musaranhos e doninhas conseguem encolher seus ossos para sobreviver.

Em uma das primeiras consultas com o cirurgião, fui instruída a vestir um maiô para que ele visse se eu tinha escoliose. Mortificada, chorei durante todo o exame, e o médico, já meio impaciente, jogou uma toalha no meu colo.

"*Pronto*, melhor assim?"

Não estava nada melhor, é claro. Eu era uma garota insegura sendo humilhada por sentir vergonha. Pouca gente escapa dessa insegurança adolescente, mas as raízes emaranhadas da vergonha do próprio corpo são plantas semeadas mais cedo entre as mulheres. Culturalmente, eu sabia que deveria *querer* ser olhada, mas, quando olhada, não sabia o que sentir. A relação médico-paciente também tem suas próprias assimetrias. Nunca esqueci a sensação de impotência diante das ordens: *deita, inclina para a frente, caminha até mim*. Senti isso ao contar até dez, de trás para frente, sob as luzes fortes da sala de cirurgia. Ou quando a pele foi cortada de fora a fora. Você está nas mãos de outra pessoa. Mãos firmes e competentes, espero – mas pacientes nunca estão no comando. O reino dos doentes não é uma democracia. E durante esses anos todos, todos os ortopedistas que me examinaram eram homens.

Equilibrium

Lourdes, como Medjugorje ou Knock, é um importante local de romaria para os católicos. Até hoje, as paróquias na Irlanda organizam viagens à França, juntando ônibus cheios de fiéis. Na década de 1980, a opção mais barata era ir de ônibus e pegar a balsa, isso antes de as companhias aéreas de baixo custo começarem a oferecer voos de €37 para Perpignan e Carcassonne. Romeiros viajavam lado a lado com novos-ricos irlandeses a caminho de "Perp" para um fim de semana de compras e baladas. Hoje, Lourdes tem seu próprio aeroporto, a localidade espremida na designação: Tarbes-Lourdes-Pireneus.

Quando fiz a viagem, em 1988, foi uma jornada épica e complicada. A balsa mergulhava e chacoalhava, cruzando um Canal da Mancha revolto. Ficamos todos nas respectivas cabines vomitando – sem sair, por causa da falta de equilíbrio e de força de vontade para chegar ao banheiro. Nosso ônibus passou por Rouen e seguiu para os jardins exuberantes do Palácio de Versalhes. De lá direto para Paris, com seus cafés, sua torre icônica. Tiramos inúmeras fotos e exageramos nos suvenires, mas eu só conseguia pensar na gruta e no que me aconteceria. A viagem para o Sul até Lourdes levou a noite toda e a dor me impedia de dormir. Passamos por vinhedos e eu observava as estrelas, ouvindo as respirações tranquilas dos dorminhocos. Pensei nos banhos e no fato de que, se eu acreditasse o suficiente, poderia ser curada.

Os sacrum

A Bíblia tece a narrativa de que as mulheres são literalmente criadas a partir de um osso, já que somos feitas da costela de Adão. Falamos de quadris férteis e da solidez da pelve, que deve aguentar o parto. Por trás dos músculos e ligamentos, temos o útero: um cálice, o santo graal reprodutivo que torna a vida possível. Na base da coluna, entre os quadris, está o sacro. Do latim *os sacrum*, que se traduz como "osso sagrado". Em sacrifícios de animais na Grécia Antiga, certas partes do corpo eram oferecidas aos deuses, o sacro entre elas, porque acreditavam ser um osso indestrutível. Nossos corpos são sagrados, certamente, mas muitas vezes não são apenas nossos. Nosso corpo hospitalar, todo cortado por rios de cicatrizes; a forma do dia a dia, que apresentamos ao mundo; o corpo sacrossanto que mostramos a amantes – criamos nossos próprios corpos de *matrioska* e tentamos manter algum apenas para nós. Mas qual – o maior ou o menor?

Lápis-lazúli

As colinas de Lourdes são vertiginosas. Sobem, descem e se repetem como nos desenhos animados. Ladeada pelos Pireneus, Lourdes recebe seis milhões de turistas todo ano, e somente a cidade de Paris, em toda a França, tem mais hotéis. O castelo, *Château fort de Lourdes*, é visível de qualquer lugar e já foi atacado por Carlos Magno. Não se pode dizer que houve exagero nos relatos sobre a topografia – as estradas são mesmo estreitas e a descida para a basílica é de fato muito íngreme. Ao lado, o rio Gave de Pau tem a correnteza mais forte que já vi. Ele contorna a rocha de Massabielle, onde Bernadette teve sua primeira visão de Maria, e é nessa parede rochosa que fica a gruta. Há muletas e talas penduradas nas paredes, como grandes enfeites de Natal. O saguão está lotado de gente e isso me surpreende. Não esperava que fosse tão *lotado*.

Cercada por montanhas e vales, Lourdes é afastada e fechada em si mesma, o que soa estranho para um lugar onde a fé é amplificada. Metafísicos ou imateriais, todos os elementos da religião tornam-se reais nesses lugares sagrados. Os fiéis trazem orações em si, proferindo-as mentalmente, sem palavras audíveis, mas aqui sua fé – aquela coisa cega e fugidia – é tangível. Há significantes físicos em toda parte, bem como sua mercantilização. É possível levar para casa toda sorte de lembranças: garrafas de água-benta em forma de Virgem Maria, a cena de Bernadette com suas amigas esculpida em alabastro. Guirlandas inteiras de terços com contas de vidro. Relíquias em tons de mar e de céu amontoadas em baldes, como sardinhas. O azul é considerado a cor da santidade, da natureza, da verdade e do céu, e as lojas aqui são lotadas de azul-marinho e royal. Evito as medalhas e crucifixos milagrosos e compro um *View-Master*[1] para meu irmão mais novo, com planos retangulares giratórios da basílica, de Bernadette e da gruta.

"Aonde quer que formos"

As tais colinas são a razão por que tive que trazer a cadeira de rodas. Assim que ouviu falar do sobe e desce íngreme das ruas, minha mãe foi atrás de um empréstimo da Associação Irlandesa de Cadeiras de Rodas. No dia da saída da porta da escola, o ônibus apareceu e comecei a chorar dentro do nosso carro. As brigas já duravam dias. Eu argumentava que não precisava de uma cadeira de rodas, que assim que me sentasse nela, mudaria a forma como todos me viam.

Teriam pena. Baldes e baldes de pena.

A menina aleijada.

Meus pais apresentavam razões convincentes – conforto, segurança e as hipotenusas dos morros. Vi pela janela as conversas animadas que aconteciam fora do carro. Pais entregando mais francos em mãos adolescentes. Meu pai prometeu que não colocaria a cadeira no bagageiro até que todos, inclusive eu, estivéssemos a bordo. Ele

---

1. [N. T.] Marca de um tipo de óculos 3D usado na época.

esperou e, discretamente, colocou-a por cima das malas. O ônibus arriou com o peso. É só eu *não usar a cadeira*, disse a mim mesma. Como quando tive que usar um maiô na consulta médica ou desviar para o canto das pistas de dança, senti o conhecido fogo da vergonha a caminho de Wexford e da balsa.

Cavalo de pau

Chegamos em um dia de primavera, o ar ainda fresco. Vendo as fotos agora, rio dos permanentes nos cabelos das minhas amigas e de suas blusas em tom pastel com ombreiras; da minha saia jeans e meias soquete. Não sabíamos o que nos esperava ou quem nos tornaríamos. Nossa timidez era visível. O bar do hotel vendia *café au lait* em pequenas xícaras brancas por três francos, que pedíamos com nosso francês básico de estudantes e bebíamos sentindo que éramos sofisticadas.

Tirando a cadeira de rodas do ônibus, Paddy, o motorista, disse que eu nunca olhava em seus olhos quando conversávamos. Me recusei a usar a cadeira. Eu já estava num deserto por ter perdido os primeiros três meses do ano letivo na escola nova. Já haviam se formado algumas amizades e, embora eu estivesse tentando recuperar o atraso, estava isolada: a uma ilha de distância do resto da turma. Agora, uns oito ou nove colegas, meninos e meninas, ficaram em silêncio olhando a cadeira enquanto eu afundava em minha própria teimosia.

Surpreendi-me pensando nesse momento muitas vezes desde então e, em todas as vezes, lembro-me do pânico como uma coisa completamente física. O estômago revirando por dentro e a bochecha pegando fogo por fora. O silêncio absoluto, a espera de uma reação. Os meninos então agarraram a cadeira e começaram a subir e descer, zunindo, a rua do lado de fora do hotel. Fizeram cavalos de pau, giraram uns aos outros e criou-se assim um "efeito dominó": todo mundo queria dar uma voltinha. Frequentemente erramos sobre o que os outros vão fazer. Hesitamos e fazemos suposições. A cadeira tornou-se um adereço cômico, sem que eu mesma me tornasse alvo da piada. Sob a luz do sol francês, todos rimos, e eu os amei por sua bondade. Valeu mais que orações.

O peso da água

Quando da aparição da Virgem Maria a Bernadette, em 1858, a santa revelou à jovem que havia uma fonte embaixo da cidade de Lourdes. Acredita-se que essas águas tenham poder de cura e, por isso, elas são canalizadas para as famosas piscinas. Dentro de uma estrutura de pedra semelhante a uma caverna, as banheiras ali alojadas são mantidas por mulheres fortes, que guiam pelas águas milhares de visitantes tomados de esperança. Entramos na fila e, quando chegou minha vez, entrei em uma câmara escura. Uma mulher me instruiu a tirar a roupa e envolveu meu corpo em uma mortalha molhada, perguntando se eu conseguia andar sem muletas. Expliquei a ela que distâncias curtas sim. A piscina se assemelhava a um grande cocho de pedra e, assim como a gruta, tinha uma forma uterina: o poder desse tipo de espaço, seja de carne ou de pedra. Desci um degrau e me guiaram para dentro da água. O frio – descomedido, um ferrão – foi um choque. Naquele lugar mal iluminado, as mulheres com seus braços fortes lentamente me inclinaram para trás. Mergulhei com todas as minhas preces e esperanças e, por um momento, o frio da água obliterou tudo. Eu queria que aquilo tudo se infiltrasse em meus ossos e me recompusesse. E, depois de meses pensando o que iria sentir, já tinha passado. Minha pele ficou instantaneamente seca. Além do tom azulado deixado pelo frio, não vi nem senti nada de diferente.

Após o pôr do sol, caiu uma chuva forte, a enxurrada descendo colina abaixo. Todas as noites, havia uma procissão à luz de tochas, com milhares de pessoas carregando velas finas como caules, a cera envolta em um papel branco com imagens de Maria em tinta azul. Em função do clima e do terreno íngreme, uma professora me aconselhou a trocar as muletas pela cadeira de rodas, deixando as mãos livres para segurar a vela. As chamas crepitavam na chuva e a multidão serpenteava ao redor da basílica, murmurando orações e debulhando seus rosários. O clima era lúgubre, mas reconfortante. E no meio dessa multidão de fiéis, minha fé tremulou: pela primeira vez desde a minha chegada – poucas horas depois dos banhos sagrados – pensei que não havia mais milagre algum me esperando ali.

De Profundis

Em nosso último dia, chegamos ao saguão da gruta para a missa matinal, onde estavam reunidos centenas de romeiros. O espectro de doenças era impressionante: havia cuidadores com doentes graves; filhos adultos com pais enfermos. Uma professora empurrou minha cadeira de rodas e procuramos uma posição. Um guia se aproximou e começou a falar rapidamente em francês, mas não entendi nada. Ele segurou os pegadores da cadeira e me guiou para a frente da multidão, onde se enfileiravam as pessoas incapazes de se mexer e as muito doentes, não apenas em cadeiras de rodas, mas também em camas.

Havia pessoas com cilindros de oxigênio, torsos retorcidos – homens ou mulheres? – que mal conseguiam se sustentar. O guia me posicionou ao lado de um homem em uma cadeira de rodas que tinha uma armação de metal presa a sua cabeça. Ele se contorcia de vez em quando, mas, de resto, ficava imóvel. Havia baba em seu rosto e eu quis falar com ele, mas não consegui. Na minha frente, outro homem, que parecia ter de sessenta a noventa anos, estava deitado em uma cama de hospital. Sua forma diminuta estava bem embrulhada e os ossos de sua mão eram como uma filigrana. A pele estava machucada, com veias inchadas, algo que reconheço como resultado de várias tentativas de encontrar uma veia. Debaixo dos cobertores, ele era uma casca, quase já não está mais ali.

Aos treze anos, eu ainda não conhecia a morte, mas consegui senti-la naquele lugar. O ar fica carregado. Não queria olhar para aquelas pessoas, mas olhava mesmo assim. Era desse jeito que acontecia o colapso dos ossos, a desaceleração de um coração, o confinamento de nossos corpos: seres que uma vez vieram à luz, vibrantes e viscerais e pulsantes de vida. A esse sentimento de terror apenas uma única coisa se sobrepunha, algo ainda mais forte: sentia que era uma impostora, já que não tinha nada mais grave que meus meros ossos de giz. Uma mulher atrás de mim começou a chorar, baixinho no início, mas cada vez mais alto, até que seus gritos abafaram a liturgia. A missa durou muito tempo e tentei me concentrar no vaivém das respostas. Havia quem chorasse e havia quem ficasse deitado, quieto em seu colchão. No breu da gruta, sabia que voltaria para casa e que viveria com a minha imperfeição; sabia que meus ossos alterados cirurgicamente me carregariam ao longo dos anos. E sob o nebuloso céu francês, agradeci.

Via Dolorosa

Duas semanas depois, retornei ao hospital para uma radiografia pélvica. O médico anunciou que meus ossos haviam se deteriorado rapidamente e que eu precisaria de uma cirurgia de grande porte. Devastada, tentei me concentrar na preparação para a cirurgia e não na perspectiva de mais aulas perdidas, o lento ciclo da recuperação, o tédio.

Hoje em dia, só se faz artrodese para correção ortopédica em cavalos – imagino puros-sangues em haras de sheiks ricos, combalidos e entupidos de anti-inflamatórios. É um último recurso para o alívio da dor e envolve a fusão da articulação esférica do quadril usando placas de metal e parafusos. Para sarar completamente, o osso tem que se solidificar ao longo de dez semanas e, durante todo esse tempo, deve-se ficar engessada. O gesso cobria dois terços do meu corpo, das axilas até a ponta dos pés e era preciso ajuda de duas pessoas para me virar. Era um branco amarelado; juntas, as camadas de gesso pesavam tanto quanto uma âncora. Durante dez semanas de confinamento usando penico, aprendi (escondida) a levantar da cama todo o peso do sarcófago sempre que meus pais saíam. Os ossos uniram-se lentamente, limitando meu movimento e tornando a minha perna mais curta. Assim ficaram por vinte anos, até que duas gestações com dezesseis meses de intervalo explodiram meus ossos como uma bomba.

Rotação, abdução

Depois de dez semanas assim envolta (eu era minha própria estátua de alabastro), um médico tentou remover o gesso com uma serra. A lâmina chegou à pele e tentei não imaginar o que se passava por baixo de tudo. A dor era como uma queimadura, um calor que se espalhava. Falei com o ortopedista – esse homem que nunca tinha visto antes –, e ele fez aquilo que já sei que os médicos do sexo masculino sempre fazem: disse que "estava exagerando". Tinha uma lâmina rotativa cortando minha carne, "mas precisava ficar calma". A sala se enche de gritos. Eu, uma ventríloqua, espalhando minha dor por toda a sala.

Quando minha mãe começou a chorar, ele pediu que ela saísse do consultório.

A lâmina cortou e cortou, em seu próprio ritmo, e esse homem a impelia, como um cavalo de corrida. Quinze minutos depois, implorei para que parasse e ele finalmente desistiu, visivelmente irritado. Em uma sala de cirurgia no dia seguinte, o gesso foi cortado como um molde de escultura. Embaixo dele, havia pele velha e também novas cicatrizes: cortes abertos e irregulares descendo por cada perna como as linhas tortas das fronteiras. Ao seu redor, meus membros pareciam bronzeados, mas eram apenas as semanas de camadas de pele morta. A perna inchou naquela noite e uma enfermeira aplicou uma bandagem de compressão. Toda vez que a removiam, a bandagem puxava as novas casquinhas e o sangramento recomeçava. Vinte e poucos anos depois, ainda tenho seis cicatrizes fantasmas em minhas coxas e joelhos. Linhas verticais, rosadas e ferozes, contando uma história.

Hips and Makers [Quadris e fabricantes]

Durante minha segunda gravidez, meu quadril acabou se deteriorando de forma irreparável, embora o cirurgião tenha tentado justificar que a dor era "apenas *baby blues*". Quando finalmente consegui convencer um médico de que a única solução para a dor contínua seria uma artroplastia total do quadril, "ganhei" a cirurgia como se fosse um privilégio, em vez de algo essencial. Conheço bem a necessidade de ter que implorar e convencer, de provar que sou digna de intervenção médica. Meu corpo não é um ponto de interrogação e a dor não é negociável.

Fui submetida à artroplastia total de quadril em 2010, quando meus filhos eram pequenos. Pude então cruzar as pernas e andar de bicicleta pela primeira vez em mais de vinte anos. A prótese apita no detector de metais do aeroporto. Hoje penso em todo o metal espalhado pelo meu corpo como estrelas artificiais, brilhando sob a pele, uma constelação de metais antigos e novos. Depois de anos de cirurgias, tenho dezenas de cicatrizes, mas elas também formam uma paisagem familiar. Articulações podem ser substituídas, órgãos transplantados, sangue transfundido, mas a história de nossas vidas ainda é a história de um só corpo. De problemas de saúde a corações partidos, vivemos dentro de uma mesma pele, conscientes de sua fragilidade, lutando com nossa mortalidade. A cirurgia deixa cicatrizes; marcas físicas da experiência de uma vida e de seus encontros com a dor. Penso nos meus filhos, torço para que a vida deles transcorra sem esses momentos. Esse atavismo os poupará e seus corpos se sairão melhor que o meu.

Às vezes, imagino a mim mesma em Lourdes, caminhando pelas colinas com minhas juntas de cerâmica e titânio. Olhando para toda aquela pedra e religiosidade, a grande gruta que tanto me assustou, vislumbrada agora por olhos de quem perdeu sua fé.

Embora eu ainda acredite. Só que não em deuses, grutas e relíquias, mas em palavras, pessoas e música. Nossos corpos nos impulsionam pela vida com sua própria santidade.

Relíquia e osso.
Cálice e soquete.
Gruta e útero.

Em momentos de distração, uma música de Kristin Hersh muitas vezes flutua lá do fundo da minha mente. Traciono as palavras para frente e para trás como remos; pus meus filhos para dormir ao seu som.

We have hips and makers
We have a good time

They keep me dancing
Finally it's all right[2]

E está mesmo tudo certo. Quando passo um dia sem dor, ou quando o sol brilha, ou quando meus filhos curiosos me perguntam sobre as linhas na minha pele, explico minha sorte, grata porque poderia ter sido pior. Sou o acúmulo de todas aquelas noites sem dormir e dias no hospital; das esperas por consultas e da vontade de não precisar mais delas; desse casco de barco avariado pelo tédio e pela vergonha que é a doença. Sem essas experiências, eu não seria uma pessoa que pega cacos e tenta dar a eles uma forma no papel. Se tivesse sido poupada desses ossos complicados, eu seria alguém totalmente diferente. Um outro eu, um mapa diverso.

■
2. [N. T.] Temos quadris e fabricantes/ Nos divertimos/ Eles me seguram na dança/ E finalmente está tudo certo

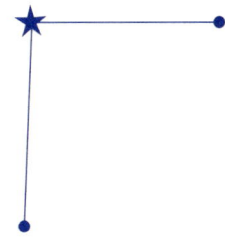

Cabelo

Na década de 1980, quase todas as meninas de seis anos ao meu redor tinham cabelos compridos de um castanho básico, e eu também. Há todo um vocabulário para os diferentes tons, mas o meu é frequentemente chamado de marrom-camundongo, um castanho-claro, o que me faz pensar em timidez e nos camundongos do campo. Uma garota na escola me contou um grande e misterioso segredo: fazer uma trança no cabelo antes de dormir e deixá-lo assim durante a noite toda leva, na manhã seguinte, a uma beleza transformadora. Confiei nessa revelação e prendi meus fios em tranças apertadas, escondendo minha cabeça sob os cobertores. A antecipação e a agitação cega resultaram em que mal preguei os olhos na primeira noite. É difícil dormir sobre os calombos. *Vai valer a pena*, disse a mim mesma, já imaginando um novo eu. Acordei cedo, peguei o pente da minha mãe, com seus cabos dobráveis, azul e vermelho. É um pente-garfo e não sei como foi parar na mão da minha mãe, se havia sido um presente ou uma compra impulsiva no balcão de uma farmácia. Era um instrumento excessivo para o cabelo fino e ralo que ambas temos. Afrouxei os elásticos e comecei a pentear-me, desenrolando as mechas como um novelo de lã.

 E lá estava eu: Rapunzel sem torre e ambivalente sobre príncipes aos seis. Uma lembrança apareceu: Kate Bush em um videoclipe no

programa de TV *Top of the pops*, sua ferocidade e crina castanho-
-avermelhada, seu cabelo tão parte de sua essência e sua energia.
Na frente da penteadeira e de seu espelho manchado, as tranças se
soltaram. Olhei para as ondas, para aquele mar de cabelos. E por
muitos anos, toda vez que ouvia a música "Life on Mars", de David
Bowie, e o verso sobre "a garota com o cabelo de camundongo",
pensava naquelas tranças de tanto tempo atrás e naquele espelho
velho. Em como tecer um feitiço com seu próprio cabelo, em como
podemos nos alterar com um só gesto, em apenas uma noite.

Por impulso, meses depois, disse a minha mãe que queria cortar
meu cabelo bem curto. A cabeleireira, minha tia, morava em uma
casa geminada e cortava cabelos – de mulheres, nunca de homens –
em sua cozinha. Estava sempre perfeitamente maquiada, de batom
e olhos pintados, com elaborados reflexos prateados. Em menos
de uma hora, pedaços de meu cabelo-camundongo estavam espa-
lhados por seu linóleo. Arrependi-me instantaneamente e, por anos,
implorei a minha mãe que me permitisse deixá-lo crescer de volta.
Ela se recusava, dizendo que o cabelo curto era "mais fácil de cuidar".

Minha tia considerou que era um corte estilo pajem, e toda
vez que voltávamos para acertar as pontas, minha mãe dizia a ela
para fazer "como o da princesa Diana", enquanto folheava uma
revista. Comecei a sentir falta do meu cabelo, a sensação de algo
roçando meus ombros. Acabaram-se as tranças noturnas e aquilo
de acordar com cabelos que pareciam areia ondulada depois que
a maré baixa. Em uma viagem a Liverpool para um casamento de
família, um homem me confundiu com um menino e me chamou
de "rapazinho". Eu chorei por horas. Minha madrinha, que sempre
teve cabelo curto, me consolou.

Ela me deu meu primeiro livro de capa dura, encadernado em
falso couro vermelho e com letras douradas. Eu li, mas não entendi
tudo que se passou em *Mulherzinhas*, de Louisa May Alcott. Essas
meninas eram tão únicas, mas tão semelhantes. Sua amizade íntima

e sua união me fizeram querer deixar o subúrbio de Dublin dos anos 1980 e me mudar para o mundo do século XIX. E Jo – certamente a personagem favorita de todo mundo que já leu *Mulherzinhas*? – faz algo que aumenta ainda mais a minha admiração por ela.

> Ao dizer isso, Jo tirou o chapéu, e todas soltaram gritinhos, pois seus abundantes cabelos haviam sido cortados curtos. "Seu cabelo! Seu lindo cabelo!" "Ah, Jo, como pôde? (...)" (trad. Julia Romeu)

Seu novo visual invoca horror. A própria Jo assume "um ar indiferente", embora fique claro que está transtornada com a perda do cabelo. "Ah, Jo! Somos almas gêmeas de cabelos curtos!", pensei. Os primeiros livros que lemos são aqueles que nos afetam de forma mais indelével. As personagens nos parecem mais próximas que pessoas reais e somente vivem em outro tempo e lugar. Como única filha mulher, eu invejava Jo e suas irmãs. A proximidade e a conexão que elas tinham não era tão diferente da minha amizade com meus irmãos, mas cabelo não era um assunto que eu podia tratar com eles.

A razão de Jo para cortar sua "única beleza" foi ajudar a família, que precisava de dinheiro. Um sacrifício parecido acontece em "O presente dos magos", de O. Henry, que também coloca o cabelo no centro da narrativa. Nesse conto, Della tem um dos cabelos mais excepcionais de toda a literatura:

> [O cabelo] caía sobre toda ela, ondulando e brilhando como uma cascata de águas marrons. Passava do joelho e se tornava quase uma peça de roupa que ela vestia.[3]

---

3. [N. T.] Todas as traduções não referenciadas, inclusive as de títulos de obras mencionadas pela autora, são de minha autoria.

A motivação de Della é semelhante à de Jo. É véspera de Natal e o conto, já em sua primeira linha, explicita quão pouco dinheiro ela tem – "um dólar e oitenta e sete centavos". Desesperada para comprar uma corrente de platina para o amado relógio de seu marido, Della vende os cabelos, que batiam na altura do joelho, por vinte dólares para um fabricante de perucas. Enquanto espera Jim voltar do trabalho, pensa: "Por favor, Deus, faça-o ainda me achar bonita".

Ao chegar em casa, Jim fica chocado com as atitudes da mulher e com sua aparência alterada. A tragédia da situação só aumenta quando ele revela que vendeu seu precioso relógio para comprar caros (e agora inúteis) pentes de tartaruga para o cabelo de Della. O sacrifício mútuo de objetos preciosos reforça seu amor, mas não antes de Della temer que seu cabelo curto e pouco feminino leve Jim a desejá-la menos. "Você continua gostando de mim igual, certo? Sou eu sem meu cabelo, não sou?"

Della se define por sua aparência física, especificamente pelo cabelo que o marido tanto admira. Sua identidade está ligada a sua aparência e não a algo independente. A história foi publicada em 1905, quando muitas mulheres ficavam em casa e não trabalhavam fora. Della depende financeiramente de Jim, e fica aguardando que ele volte do trabalho no dia em que vende o cabelo. Economicamente impotente, ela usa a única coisa que tem como mercadoria, e o ato de cortar o cabelo pode ser visto como uma castração ou um gesto de empoderamento. Meu cabelo não era exuberante como o de Della, mas cortá-lo aos sete anos foi, a princípio, emocionante, pelo menos até voltar a querê-lo longo. Eu tinha um jeito de moleque, mas nunca senti que não era menina. Feminilidade era algo abstrato, uma palavra que eu não conhecia.

★

O cabelo é uma coisa morta.
    Cada cacho, cada fio tingido ou domado com produtos, está descansando em paz. Já acreditei no mito de que o cabelo continua a crescer depois da morte, mas a única parte que está de fato viva é o folículo no interior do couro cabeludo. E, para mim, parece uma coisa inventada, ou algo simples e gloriosamente apropriado, que os pelos da cabeça, púbis e axilas sejam conhecidos como "cabelos terminais". A queratina, sua proteína basal, é a mesma encontrada em cascos de animais, garras de répteis, espinhos de porco-espinho, bicos e penas de pássaros. Da ponta da asa à ponta dupla, do fim da pata ao topo da testa, nós, como animais, somos uma coleção de cadeias polipeptídicas. Cada fio contém tudo que já passou por nossa corrente sanguínea. Será que memórias também ficam por lá, à espreita entre a medula e a cutícula, embutidas em cada mecha?
    Não morto, mas "terminal". Proteico e proteano. Assim como sangue, é difícil distinguir o cabelo de machos e de fêmeas, mas são as mulheres que, historicamente, vêm sendo julgadas por suas escolhas criniculturais. Rotuladas, de forma redutiva, em filmes *noir* como loiras, ruivas ou morenas (uma prática que exala privilégio e exclui pessoas de tantas outras etnias). O cabelo é usado para definir as mulheres em termos de raça, sexualidade, religião. Transforma-as em sedutoras: uma tríade de feminilidade, fertilidade, fodabilidade. Esse conflito é inerente ao *Nascimento de Vênus*, de Botticelli. Ela "nasce" nova e imaculada como um bebê, mas é retratada como uma mulher voluptuosa e totalmente formada. Obviamente, deve esconder sua nudez – com o quê? Nada mais que uma crina rodopiante. As mulheres das pinturas pré-rafaelitas têm cabelos soltos e abundantes, como em *Lady Lilith*, de Dante Gabriel Rossetti. De acordo com a tradição judaica, Lilith foi a primeira esposa de Adão e seu nome foi associado a demônios femininos (uma tradução de seu nome é "bruxa da noite"). Ela foi criada ao mesmo tempo que Adão, e não de sua costela, como Eva. A relação desandou porque

Lilith se recusou a curvar-se diante dele, considerando-se sua igual, e não menor. Emblemática da sedução, no quadro de Rossetti ela está totalmente preocupada em pentear seus cabelos exuberantes. John Everett Millais pinta a Ofélia de Shakespeare afogada no riacho, seus cabelos, uma mortalha fúnebre. Se o cabelo solto e sem amarras sugere mulheres moralmente questionáveis, o cabelo preso e domado significa seu oposto: respeitável, empertigada e obediente. O cabelo como significante e símbolo representa tudo, desde a posição social e o estado civil até a disponibilidade sexual.

★

Na música "Hair", faixa do álbum *Dry*, que PJ Harvey grava em 1992, a artista dá voz a Dalila, uma personagem bíblica com uma das mais infames histórias relacionadas aos cabelos. Dalila figura em nossa memória como traidora e mulher decaída porque revela aos filisteus a fonte da força de Sansão. Na música de Harvey – além de seu óbvio amor por Sansão – Dalila também admira seu cabelo, "brilhando como o sol". Ela reconhece o poder duplo que o cabelo tem – como algo que contém a força real, mas também como coisa tangível que ela cobiça. A letra de Harvey implora: "meu homem/ meu homem", e Dalila entende que sua traição significa que ela não pode mais tê-lo, ou a seu cabelo. Sansão se enfraquece e é derrotado, mas surgem outras possibilidades com a perda do cabelo. Quando adolescente, aprendi que havia poder na sua ausência.

A Barbearia do Wogan era um antigo salão todo feito de tábua corrida, como há muito não se via em Dublin. Numa tarde de sábado, aos dezesseis anos, decidi pegar o ônibus para o centro da cidade. Em sua saleta escura (um tipo diferente de sala de espera), entrei na fila de senhores por uma hora. Quando chegou minha vez, sentei-me na cadeira de couro e o barbeiro idoso me envolveu com uma capa preta. Ao ouvir meu pedido, balançou a cabeça.

"Não fazemos esse corte para meninas."

Com o rosto vermelho e me vendo observada pelos outros clientes curiosos, escapuli pela porta e me dirigi a outra barbearia. Sentei-me novamente, em outra cadeira de couro, e o ritual da capa começou.

"Tem certeza, querida?"

"Sim."

"Última chance, tá?"

"Manda ver."

O rádio urrava, sintonizado em uma estação com os maiores sucessos dos anos 1980. A máquina deslizou pelas minhas raízes tingidas, zumbindo em meus ouvidos. O barbeiro começou pelo meio e foi em direção às beiradas, e a princípio parecia um coque de samurai. Em cinco minutos, não havia mais nada. Como Maria Falconetti, em *A paixão de Joana d'Arc* (imagino como deve ter sido, para uma atriz na década de 1920, raspar a cabeça para um papel). *Tosada*. No ônibus a caminho de casa, usei um gorro contra o frio de fevereiro. Aquela palavra rolava de um lado para o outro dentro da minha cabeça, como uma bola de gude. *Tosada*. Na escola, houve indignação. Broncas. Medo de que outras me imitassem tosando seus cabelos. Dúvidas sobre minha saúde. Piadas sobre Sinéad O'Connor, que tinha aparecido na TV aquela semana para ganhar um prêmio. Nos meses seguintes, muitas vezes fui confundida com ela. Um homem insistiu que eu estava no pub Filthy McNasty, em Londres, bebendo com Shane MacGowan. Toda vez que raspo minha cabeça, ou quando o cabelo começa a rebrotar, sempre há reações, especialmente de homens. Principalmente de horror ou de perplexidade. Alguns até consideravam o corte atraente: mas sempre pediam justificativas. Que eu explicasse o que eu fiz. E por quê.

"Por que fez isso consigo mesma?"

"Brigou com o cortador de grama?"

"Você é lésbica?"

"Por que você quereria ficar menos bonita?"

"Mas... é um tipo de autossabotagem."
"O que sua mãe falou?"
(Nota: nunca "seu pai".)

Em seu livro *Girls Will Be Girls: Dressing Up, Playing Parts and Daring to Act Differently* [Meninas são assim: fantasiando, encenando e ousando fazer diferente], Emer O'Toole escreve sobre quando, ainda jovem, raspou a cabeça. O'Toole descreve tudo o que se supôs sobre ela, desde sua sexualidade e sua disponibilidade até seu tipo de personalidade e de comportamento. A falta do cabelo também trouxe seus próprios estereótipos, muitos dos quais eram de gênero.

> Raspar minha cabeça pela primeira vez não foi um ato feminista, mas despertou minha consciência feminista para sempre. Passei a ver que, se as pessoas estavam presumindo que eu era agressiva por causa de uma cabeça raspada, elas também estavam presumindo que eu era passiva por causa do cabelo comprido. (...) Se meu cabelo curto fez com que as pessoas me rotulassem como homossexual, meu cabelo comprido, então, fazia com que as pessoas também supusessem que eu era heterossexual. Cabelo comprido, cabelo curto, conformista, inconformista, feminina, masculina: eu estava sujeita a estereótipos de gênero o tempo todo. De repente, adquiri uma nova maneira de ver.

★

Dia D, França, 1944. Alegria e comemoração nas ruas com a notícia da libertação. Um caminhão para e é aplaudido pela multidão ali reunida. Mulheres cabisbaixas – em seus rostos, um misto de tristeza e medo – são lentamente arrastadas para uma rua estreita. Muitas dessas mulheres – jovens mães à procura de comida para a família, uma adolescente, uma trabalhadora do sexo – são acusadas de "colaboração horizontal", conluio sexual com o inimigo, que, por vezes, levou-as a ter bebês de soldados alemães. São postas a desfilar nas ruas, enfileiradas.

Um homem, seguro e determinado, mostra uma navalha. Uma a uma, suas cabeças são raspadas publicamente. A punição é uma tentativa de desfeminizá-las, de castigá-las por suas ações traiçoeiras, mas, mais ainda, por exporem sua sexualidade. Essas mulheres são conhecidas como *les tondues*, do francês, que significa "as raspadas". Mulheres humilhadas e marcadas sexualmente, não só na França, mas também na Alemanha e, antes disso, na Irlanda, durante a Guerra da Independência. Um ato misógino de punição assistido por uma grande multidão em polvorosa.

★

A primeira vez que raspei minha cabeça foi aos dezesseis anos, mas houve muitas outras ocasiões desde então. Certa vez – típico – após uma separação; depois, durante as provas do último ano da universidade; de outra, para me livrar de um corte louro curto que demandava manutenção frequente e que queimava meu couro cabeludo. A última vez foi em 2003. Da motivação ao método, tive pouco controle sobre esse corte em particular. Essa foi a única vez que eu mesma raspei o cabelo, e o incentivo foi prático, não estético.

Recebi o diagnóstico – um tipo raro e agressivo de leucemia. A quimioterapia foi apenas um estágio do tratamento, que começou no dia seguinte ao diagnóstico, com doses pesadas de um medicamento chamado idarrubicina. Quando falaram o nome, ouvi "Ida Rubisson" e imaginei uma matriarca judia severa e gentil (será que ela usa uma peruca judia do tipo *sheitel*?). Nem toda quimioterapia mata o cabelo (a bendita da idarrubicina, sim), mas ele não cai instantaneamente como em um desenho animado. Não tem isso de PUF! e o cabelo se foi. Acorda-se com fios no travesseiro. As mechas se soltam em tufos na escovação. Percebe-se o cabelo escorregando do couro cabeludo e não há nada que se possa fazer. A decisão de me livrar de todo ele resumia-se a uma coisa: meus olhos. A queda constante irritava minhas pálpebras, e minha visão já estava afetada pelo regime medicamentoso. Mais da metade dos meus cílios caíram, mas não todos. Minhas sobrancelhas se estreitaram e agarraram-se à pele. A simpática enfermeira indiana – aquela que era chamada para lidar com veias difíceis de pegar, muitas vezes as minhas – riu de nervoso. "Tem certeza?", perguntou, segurando a máquina do próprio hospital. Naquele momento, eu estava de volta à barbearia, doze anos antes. *Tem certeza?*

Outro dia frio, também em fevereiro, mas desta vez não precisei de gorro. O ar no hospital estava quente, opressivo. Um cheiro de comida cozida demais e desinfetante. De pé na frente do espelho, o cateter de Hickman saindo do meu pijama, comecei a me tosar. De boca aberta, Gita alternava entre expressões de choque e de incentivo. Percebi que ela também fazia isso sempre que tentava convencer minhas veias exauridas a entregarem um pouco de sangue. Em três minutos, as minhas caras luzes de salão desapareceram. Espanei o cabelo dos meus ombros e fui arrastando o suporte do soro até meu quarto de isolamento e suas duas portas fechadas a vácuo.

A maioria das pessoas que têm leucemia precisam de um transplante de medula óssea. Eu não precisei porque meu corpo reuniu todas as forças, respondendo rapidamente ao tratamento. Descobri que, depois da medula óssea, o cabelo é o tecido que cresce mais rapidamente em todo o corpo.

★

Na cozinha da minha tia na década de 1980, na barbearia de Dublin na década de 1990, em uma ala hospitalar dedicada à leucemia na década de 2000, observei o desfecho do meu cabelo. Mechas curvando-se como pontos de interrogação no chão.

São momentos que ressurgem quando leio "Bernice corta o cabelo", de F. Scott Fitzgerald. Publicado pela primeira vez em 1920, o conto retrata uma garota de Wisconsin, tímida e sem graça. Sua linda prima Marjorie, com quem vai passar férias, rapidamente se cansa da chata Bernice e de sua falta de jeito. A briga das primas (incluindo, coincidentemente, um comentário sarcástico em referência a *Mulherzinhas*) acaba quando combinam que Marjorie vai treinar Bernice na arte de ser desejável e popular. Bernice aprende rápido e percebe que charme e ousadia chamam atenção. Sua inteligência recém-descoberta fica em evidência em uma série de falas ensaiadas, incluindo uma brincadeira coquete de que cortaria o cabelo.

"Quero me tornar uma vampira da sociedade, entende?", anunciou friamente (...).
"Você é a favor do cabelo curto?", perguntou G. Reece (...).
"Acho amoral", respondeu Bernice num tom sério! "Mas tudo que podemos fazer pelas pessoas é alimentá-las, diverti-las ou chocá-las".
(Trad. Juliana Cunha)

Warren, um admirador de longa data a quem Marjorie faz de trouxa, começa a mostrar interesse por Bernice. Marjorie, percebendo a monstruosidade paqueradora que tinha criado, decide sabotar a prima, acusando-a de blefar sobre ter essa coragem e forçando-a a abrir mão do longo e querido cabelo frente a uma multidão em choque, que a acompanha ao barbeiro.

Mas Bernice não via nem ouvia nada. Seu único sentido que ainda funcionava lhe dizia que o homem de jaleco branco removera um de seus prendedores de osso de tartaruga, em seguida o outro; que os longos dedos do barbeiro escarafunchavam desajeitados por entre os grampos aos quais não estava habituado; que seu cabelo, seu magnífico cabelo, estava prestes a desaparecer – ela nunca mais sentiria a volúpia das madeixas castanhas e gloriosas roçando suas costas. (Trad. Juliana Cunha)

Como Della, em "O presente dos magos", Bernice não pode mais usar seus pentes de tartaruga. Em uma adaptação cinematográfica de 1976, com Shelley Duvall no papel-título, seu cabelo não é castanho, mas louro-acobreado, cuidadosamente penteado e finalizado com um laço de cetim rosa. Durante a cena crucial na barbearia, Bernice sabe que não pode voltar atrás. Ela se senta (como eu, novamente no Wogan, afundando na cadeira de couro escuro) e o barbeiro diz: "Nunca cortei cabelo de mulher antes". Assim que ele começa o desbaste, a câmera percorre o salão fixando-se nos rostos de Marjorie, Warren e seus "amigos" ali reunidos. A câmera não nos permite ver o horror do próprio corte de cabelo, mas os rostos da multidão nos dizem tudo.

Mas Bernice está mudada em mais do que na aparência. As dicas e as lições sobre como flertar, oferecidas por Marjorie, ensinaram-lhe astúcia e coragem. Antes de retornar a Wisconsin, Bernice prepara uma vingança bíblica, ao estilo de Dalila, cortando, na calada da noite, as tranças de Marjorie, enquanto esta dormia.

★

Fotos antigas revelam as ondas da moda, as boas e as más escolhas quando se tratava do meu cabelo. Um permanente imperdoável para minha crisma nos anos 1980, toda uma gama de descolorantes, tinturas rosas e azuis durante os anos de experimentação da adolescência. Penteados, comprimentos e cores como momentos preservados em âmbar. Nunca mais tive cabelos longos *de verdade* depois da época das tranças para dormir. Quando criança, fazia penteados falsos com lã trançada e cachecóis, ansiando pelas madeixas até a cintura das outras, observando aquelas jogadas de cabelo com inveja. Cheguei a ter peruca verdadeira, do tipo tão-cara-que-parece-cabelo-da-cabeça.

Era escura e elegante, melena castiça de fios sintéticos. Deveria ser algo inesquecível, uma coisa tangível, e, no entanto, tenho apenas uma memória dela.

Durante a quimioterapia, pacientes "perdem" o cabelo. É um eufemismo desgastado – ninguém perde o cabelo como as chaves ou os óculos: ele cai. Muitos planos de saúde cobrem o custo de uma peruca. No telefone, uma atendente gentil conversou comigo sobre minha solicitação e explicou que uma peruca de alta qualidade é considerada "uma prótese – como uma perna".

Pensei na complexa bota vermelha de Frida Kahlo, nos amputados da Primeira Guerra Mundial e em seus membros fantasmas, na sua certeza de que o membro de carne e osso, agora ausente, ainda estava ali. Depois do tratamento, jamais senti que meu cabelo estava me faltando. Nunca me vi imaginando um dia que ele estava ali, empilhado sobre minha cabeça, duro de laquê ou num pesado topete, e até, de repente, sumir. A atendente do plano de saúde sugeriu o nome de um cabeleireiro especializado. Durante a consulta, ele falou em tom tranquilizador, acostumado a lidar com mulheres muito mais traumatizadas do que eu por perder o cabelo. A maioria das pessoas opta por uma peruca com o tipo de cabelo que costumavam ter, uma espécie de *sheitel* pós-câncer. Eu não queria isso. Queria o oposto, algo que fosse diferente de quem eu era antes de tudo isso acontecer. Escolhi uma peruca comprida e escura, que o cabeleireiro cortou e aparou carinhosamente como se fosse cabelo de verdade.

Depois de toda essa trabalheira, lembro-me de tê-la usado em apenas uma ocasião. Ficou semanas a fio embrulhada em papel de seda, na caixa. Quando contei a minha melhor amiga que estava escrevendo sobre o assunto – estas palavras nesta página, levando-me de volta no tempo, para livros e barbeiros, arte e hospitais –, ela me contou uma história sobre a peruca. Disse que saímos à noite algumas semanas depois de minha alta do hospital, um encontro em um bar subterrâneo e escuro numa noite de sexta-feira. Ainda era permitido fumar nos bares e o ar estava enfumaçado. Era aniversário de alguém (ela acha), ou a banda de alguém conhecido estava tocando (acho eu). Quando entrei, ela me viu do outro lado do salão, usando a peruca cara, de cabelo que definitivamente não era meu e que ela descreve como "longo, negro e vampiresco".

"Você parecia um passarinho frágil fazendo sala. Todo mundo ia até você com expressões de carinho e cuidado, e você estava mais interessada neles. Ainda consigo sentir nitidamente como era ver você com aquele cabelo falso, e meus olhos se encherem de lágrimas. Tive que me retirar para não chorar na sua frente."

Não me lembro dessa noite. Ou de outras noites usando a peruca. De ter cabelo comprido, ou um simulacro de cabelo, caindo pelas minhas costas pela primeira vez desde a infância. Sei que nossos cérebros arquivam o trauma de forma seletiva, na doença ou no luto, mas por que a peruca foi censurada? Na história da minha amiga, lembro-me bem do local, de quem estava lá e, no entanto, em minha própria mente, estou totalmente ausente. Pós-doença, em situações de convívio social, eu conversava muito, enchendo a maioria dos contatos com perguntas e monólogos, para não ter que falar sobre como me sentia ou o que os médicos falavam. Pouco depois daquela noite, a peruca sumiu. Setecentos euros inteiros de pseudocabelo liso desapareceram e não tenho ideia de como, nem onde está. A perda transforma a peruca em uma espécie de emblema. Um símbolo numa história folclórica, algo que entrou em minha vida brevemente quando dele precisei, para então desaparecer instantaneamente assim que cumpriu sua função. Ou talvez descanse em algum lugar, cuidadosamente embrulhada, uma coisa para ser usada uma vez apenas.

★

A menina com o cabelo de camundongo foi-se há muito tempo. Mas tenho outra em minha vida. Praticamente todos os dias, cumpro uma das tarefas mais complicadas da humanidade – escovo o cabelo de uma garotinha relutante antes da escola. Para aliviar essa batalha de escovas e elásticos, tive que desenvolver uma estratégia, um jeito de distraí-la.

Não se trata de agilidade ninja, suborno ou guerra total (penso no coque samurai novamente).

Uso palavras. E música.

Minha filha adora cantar e, constantemente, me pede para ensinar-lhe novas músicas. Vasculho meu cérebro, procurando freneticamente por refrãos ou versos, pedaços de músicas. Encontro baladas e músicas da moda, assim como canções *as Gaeilge* (que significa "em irlandês"). Músicas dos Beatles e trilhas sonoras de filmes a que assistimos juntas. Escovo e batalho, compensando cada nó de cabelo com uma nova nota. Apanho um tanto de seu cabelo cheiroso – de cor idêntica à do meu quando tinha a idade dela –, mas me recuso a chamá-lo de "marrom-camundongo".

Meu cabelo. O cabelo dela. Eu. Ela. Nós.

Cantarolando uma música – vamos de músicas tradicionais a Taylor Swift –, deslizo seus fios macios pelos dentes do pente. Revelo a ela o truque das tranças noturnas e o mar de cabelos pela manhã, os cachos ondulados como a areia depois da maré cheia.

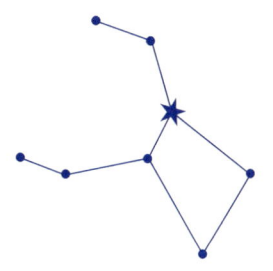

60.000 milhas de sangue

A+

Era janeiro: manhãs escuras, colinas geadas, bafo gelado.
Era janeiro: a juventude do ano se acumulava; a neve formava montinhos.
Era janeiro: há exatos seis meses, nos casamos.
Era janeiro: nossas vidas mudaram para sempre.

★

Em 1891, Karl Landsteiner publicou um artigo sobre a influência da dieta e da nutrição no sangue. O cientista vienense estudava anticorpos e é mais conhecido pela descoberta do vírus da poliomielite. Sua pesquisa sobre o sangue explorava a ideia de que a transfusão era por vezes fatal devido à probabilidade de aglutinação (quando glóbulos vermelhos aderem uns aos outros).

Em 1900, a pesquisa de Landsteiner também revelou uma conexão entre a destruição dos glóbulos vermelhos e o sistema imunológico, levando a uma das descobertas médicas mais importantes do século XX: os grupos sanguíneos. Inicialmente, ele identificou-os como A, B e C (o que hoje chamamos de "O"), e as letras designam a presença ou a ausência de antígenos (substâncias estranhas ao organismo e que podem estimular a produção de anticorpos). Dois anos após as descobertas iniciais de Landsteiner, dois colegas de Viena identificaram o tipo AB, mais raro, e em 1907 o cientista tcheco Jan Janský isolou todos os tipos sanguíneos, rotulando-os com algarismos romanos. Sem esses sistemas, mortes causadas por transfusões seriam mais frequentes e a ideia, até ali não contestada, de que todo sangue humano é igual também teria persistido.

A maioria das pessoas passa pela vida sem saber seu tipo sanguíneo. A menos que se precise de cirurgia ou se tenha um bebê, pode-se passar a vida sem descobri-lo. Meu tipo sanguíneo é A+, um fato de que tinha me esquecido até os médicos dizerem que havia algo errado com o meu sangue. Anos antes, nos corredores do hospital infantil, ouvir os passos daquele homem me enchia de pavor. Era o flebotomista – o profissional que tira sangue dos pacientes – que se aproximava, em busca do meu braço e de uma veia bem-comportada. Aquele que tirou meu sangue quando adolescente era impossível de alto e tinha cabelos desgrenhados; minha mãe disse que parecia o monstro de Frankenstein. Era, como muitos dos médicos que conheci naquela época, praticamente mudo, mas pelo menos compartilhou comigo a informação do A+ quando lhe perguntei.

Não é de se espantar termos curiosidade sobre essa substância: sua necessidade, a maneira silenciosa e despretensiosa com que se move pelo corpo. Alguns anos depois de me recuperar, fui convidada a falar para uma sala de mil doadores, reunidos em um jantar para comemorar a doação de milhares de unidades de sangue. Impressionada com essa bondade coletiva, contei minha história de como, sem eles, não estaria viva hoje. Medalhas foram dadas às pessoas que atingiram certas cotas de doações. O que motiva uma pessoa a dar seu tempo – seu sangue – para alguém que nunca conhecerá?

De todos os nossos fluidos corporais, o sangue – para mim – é o mais fascinante e o mais complexo. Tem conotações distintas para a arte, o sexo, a espiritualidade e a ancestralidade. A história está cheia de sangue, de sacrifício e guerra, medicina e mito. Heródoto escreveu, no século V a.C., que os povos citas bebiam o sangue de seus inimigos mortos, usando seus crânios como cálices. Na Roma Antiga, acreditava-se que beber o sangue de um gladiador morto poderia curar a epilepsia. O sangue se infiltrou – fluido e intransigente – em nossa linguagem e etimologia: o sangue-frio de assassinos, o sangue quente dos amantes; magia de sangue e diamantes de sangue; lua de sangue, chuva de sangue e sede de sangue.

A voz do sangue – dizem-nos repetidamente – fala mais alto. Transitando por uma rota tortuosa de veias e artérias, com suas próprias regras de direcionamento. A cada dia, o coração bombeia 7.500 litros de sangue por todo nosso corpo. Ele representa 7% do nosso peso corporal e está em toda parte, da ponta do dedo ao couro cabeludo e em cada dobra da pele. O câncer de mama, um membro quebrado, a cirrose são localizados, mas uma doença do sangue é um problema do corpo inteiro. Desancorado, migrante – o sangue é sua própria diáspora. Não há parte do corpo que ele não possa alcançar. Uma enfermeira especializada em veias endurecidas costumava vir para tirar meu "sangue periférico", ou seja, sangue extraído de um braço, não com um cateter venoso central. Via periférica me fazia pensar nas bordas do meu corpo, na minha pele como uma parede divisória.

O sangue fica mais evidente fisicamente quando convocado para locais específicos: para um corte na pele, um rubor nas bochechas ou uma ereção, recrutado pelo coração para locais de trauma, pânico e excitação. Quando acompanha a estimulação sexual, supõe-se que a tumescência – uma palavra gloriosamente elevada e subutilizada – refira-se apenas à genitália masculina, embora aconteça em ambos os sexos. Mais do que apenas um líquido vermelho, mais do que um combustível oxigenado, o sangue é um composto complexo de plaquetas e leucócitos, plasma e neutrófilos. O sangue corre como em rios e afluentes dentro de nós; deltas cruzando órgãos, sob ligamentos e ao redor de ossos. Mas ele não nasce nas montanhas e desemboca no mar. O sangue circula incessantemente dentro de nós, mesmo quando estamos dormindo, paralisadas ou em coma.

A doação de sangue pode ser uma incidência rara e descomplicada de boa ação altruísta. A disponibilidade de ir a um hemocentro, o ato ritualístico de permitir que lhe drenem o sangue. O Serviço Irlandês de Transfusão de Sangue descreve coletivamente sangue, plaquetas e plasma como "produtos derivados do sangue": linguagem estranhamente consumista para um ato que é desprovido da lógica mercantilista. Não há benefício monetário para quem doa, nem mesmo um cartão de agradecimento. O anonimato é um aspecto essencial da relação de doação-recepção e, apesar disso, continuo curiosa sobre todo o sangue que recebi. No pós-operatório, no pós-parto e na quimioterapia recebi cerca de 150 unidades. Uma unidade é uma bolsa; cada bolsa contém 470 mililitros, então quase 70.500 mililitros de sangue de outras pessoas me foram incorporados. Um exército altruísta e ninguém jamais saberá quem recebeu seu sangue ou que uma parte de si é agora parte de mim.

Muito antes da existência de transfusões, os médicos prescreviam um tipo diferente de tratamento intravenoso. Não adição de sangue, mas sua retirada, pela sangria. Foi drenado de George Washington cerca de um litro e meio de sangue horas antes de sua morte, em 1799, enquanto Mozart concordou com o processo para tratar sua febre reumática. Além de cortar cabelo, barbeiros também costumavam realizar sangrias, e o vermelho e branco do tradicional poste de barbearias representa sangue e bandagens. Eu não tinha ideia de quanto sangue se perde em cirurgias até passar, eu mesma, por várias operações. Deitada na mesa cirúrgica para uma cesariana, o grande volume de sangue derramado foi um choque. Mais tarde, meu marido disse que parecia a cena de um crime.

Tão facilmente derramado e ainda assim uma mercadoria: o sangue também tem valor de mercado. Nos anos de 1998 a 2003, esse valor triplicou na Irlanda. Nos Estados Unidos, a startup Ambrosia recolhe sangue de menores de 25 anos para transfundir a receptores ricos de mais de sessenta anos e que pagam US$ 8.000 ou mais por uma transfusão de sangue jovem. Os transumanistas interessam-se pelo que tem sido chamado de parabiose (algo iniciado há décadas, com a costura dos sistemas vasculares de ratos). Há notícias de que o empresário bilionário Peter Thiel teria recebido o sangue de outras pessoas e contribuído financeiramente para a pesquisa sobre o processo. Naturalmente, é uma opção disponível apenas aos muito ricos, ansiosos por uma vida eterna.

Uma picadinha em qualquer lugar na superfície do corpo convoca o sangue instantaneamente. Imagino uma montagem de vídeo com cada ferida que já sofri – pernas ensanguentadas após um acidente de bicicleta, cortes de gilete na minha perna de adolescente, uma pequena fenda vermelha depois que uma pedra foi arremessada em direção a minha cabeça. Não sangrei quando um carro me atropelou e nunca me cortei acidentalmente a ponto de precisar de sutura. As plaquetas cosem a pele novamente, acumulando-se no local da fresta, literalmente tapando a ferida. O sangue ajuda o corpo a se consertar e, ainda assim, como tudo o mais, cobra um preço.

A-

É estimado que, se juntarmos todos os vasos sanguíneos de um corpo adulto – veias, artérias e capilares – e os colocarmos em uma linha contínua, chega-se a 60.000 milhas. Digito estas palavras, meus dedos pressionam as teclas, há todo o movimento dos tendões por um campo pálido de pele, mas o que mais noto é o azul das veias. Cada uma, um riacho estreito, um mensageiro do sangue, labutando sem qualquer reconhecimento. Ao longo dos anos, várias cânulas anexaram-se aos meus braços, no pré-operatório ou quando as veias da dobra do cotovelo desabaram como o túnel de uma mina. Toda vez, a flebotomista me prepara com algumas falas, mas nunca são as palavras certas, sempre imprecisas sobre a real sensação que se segue. "Você vai sentir um arranhãozinho, ou uma picadinha", diz. Não sinto nem uma coisa nem outra.

Beirando os trinta, quase exatamente seis meses depois do meu casamento, me vi em uma ambulância numa manhã fria e límpida de janeiro, um paramédico me segurando na posição vertical porque sentar ou deitar-me em uma maca doía demais. Mais tarde, em meio à barulheira e ao caos do hospital, disseram-me que algo preocupante espreitava em meu sangue. Não suspeitei que, de fato, havia algo errado, até descobrir que não conseguia suportar nenhum peso na perna direita. Pensei que era uma distensão muscular e tentei usar elevação e bandagens apertadas. A pulsação e a queimação continuaram, e um médico me despachou para o hospital, onde esperei em uma maca dentro de um quarto minúsculo ao lado de dois aposentados. O fato de ter ficado parada por setenta e duas horas agora me pareceu aterrorizante, dado que o diagnóstico final foi trombose venosa profunda (TVP). O sangue na veia da minha panturrilha tinha se represado e formado um coágulo, um nó entalado.

Um médico especulou que talvez tivesse sido a pílula anticoncepcional, e então administraram anticoagulantes em doses cavalares. Seguiram-se visitas semanais a uma clínica para o tratamento com varfarina, numa sala abafada onde me sentava entre idosas: um mar de cabelos prateados e tratados termicamente, eu décadas mais jovem do que todas ali.

A varfarina, o anticoagulante mais amplamente usado hoje em dia, vem em pílulas de três cores e potências: a rosa é a mais forte, seguida da azul, depois, a marrom. Ganhar um punhado das rosas indica ter sangue grosso como melaço. Independentemente das cores que eu tomasse, em combinações como o arco-íris, meu nível de coagulação quicava como uma pedrinha lançada no lago. Uma tosse persistente se infiltrou em meus pulmões, e um dia acordei e descobri minhas pernas pontilhadas de hematomas escuros. Não apenas um ou outro, mas mais de vinte círculos mosqueados. Como não foi por causa de uma pancada, também não doíam – e agora sei que esse fenômeno tem um nome, *equimose*, do grego *ekkhúmōsis*, "extravasamento". A causa das marcas era o sangue que havia vazado de uma veia sob a pele. Assustei-me com a cor: não a reconheci como parte do espectro habitual de hematomas – céu noturno, roxo, verde-lago. Muito mau agouro. Vivia acordando com suores noturnos e parecia que o pior estava por vir. O que estava acontecendo comigo?

Com a doença, há sempre uma sensação de um "antes" e de um "depois". O antes, quando tudo estava claro e sob controle e normal. Normal é uma palavra que perde todo seu significado diante da doença. Os momentos finais do "antes", quando lentamente me dei conta de que más notícias estavam chegando, se deram quando a preceptora da hematologia – gentil, loira, mais ou menos da minha idade – usou a palavra "blasto". Em inglês, *blast* tem a ver com se divertir, ou com os tiros de *Guerra nas estrelas*, ou com uma rajada de vento que quase te corta ao meio. Mas ali ela falava de mieloblastos, glóbulos brancos imaturos que escapolem da medula óssea. Era uma palavra nova que, usada em um contexto médico, foi suficiente para ativar minhas sinapses, para que me preparasse.

Eu ainda não sabia que "blastemia" – quando há 20% ou mais de mieloblastos na medula – era um forte indicador de câncer no sangue. Fui pescando respostas, jogando meu anzol nessa água nova e aterrorizante. A hematologista, cautelosa, acabando por admitir que havia uma irregularidade na medula óssea. "Tipo leucemia?", perguntei. Naquele momento, não entendi bem de onde tinha vindo a pergunta, ou como tinha dado esse salto lógico de medula óssea para câncer, mas também o que eu lá sabia naquela terra do "antes"? Ser uma paciente sem diagnóstico é estar sempre com medo, esperando o apocalipse. Arriscar um palpite é tentar deduzir ou acelerar a revelação da verdade. Naquele domingo, foi como se estivesse pesando os fatos do meu corpo.

Os hematomas pretos e os suores noturnos e a tosse chacoalhando meu peito tinham que vir de *algum lugar*. Levei semanas para perceber de onde tinha vindo aquele palpite assustado. No final dos anos 1980, quando eu era adolescente, uma amiga da minha mãe foi diagnosticada com leucemia. Eu tinha ouvido as palavras "medula óssea" usadas no contexto daquele câncer. Na época em que estava doente, ela tinha sido tratada no mesmo hospital de Dublin onde eu estava agora. Em outro quarto, no mesmo andar em que ela ficou, estava o apresentador de TV irlandês Vincent Hanley. Eu assistia religiosamente ao seu programa de música, *MT-USA*, e ele me apresentou ao Kraftwerk, com o videoclipe de "Musique Non-Stop". Pus-me a gravar o clipe em VHS e solenemente mostrei seus gráficos robóticos para uma amiga, avaliando sua reação. Instantaneamente, virei uma fã dedicada aos doze anos.

Hanley havia sido transferido de um hospital particular para o St. James e estava sob os cuidados de uma equipe que buscava proteger sua privacidade. Os primeiros casos de HIV+ na Irlanda foram identificados no início dos anos 1980. Muitos eram hemofílicos que tinham se contaminado quando receberam fatores VIII e IX, produtos sanguíneos que auxiliam na coagulação normal. Profissionais do sexo, usuários de drogas intravenosas e gays também estavam sendo diagnosticados, e assim formaram-se os estigmas. Em 1987, a imprensa já especulava que, como homem gay, Hanley estaria morrendo de aids.

Durante os primeiros meses de minha doença, passei muitas horas no ambulatório do andar térreo daquele prédio antigo. Pensei muito na amiga de minha mãe, que sucumbira à leucemia em 1992, e em Hanley, que tinha acabado de completar 33 anos quando morreu de uma doença relacionada à aids, em 1987. O corredor era triste e mal iluminado, o acúmulo de tintas brilhantes nos batentes das portas, resquícios dos anos 1950. Hoje associo os quartos sombrios daquele corredor principal com pequenos acréscimos de más notícias: infecções e um grande hematoma. A sala de espera com um pé-direito alto e suas escotilhas faziam todo mundo desejar estar navegando para longe, ou já estar em alto-mar. Em qualquer lugar, menos aqui.

 O coágulo na minha panturrilha expandiu e se rompeu, escalando minha coxa como um alpinista intruso, alcançando meu pulmão. Médicos se revezavam com seus estetoscópios em minhas costas enquanto um professor explicava a seus internos – como se falasse de um pneu furado – que o coágulo pulmonar tem um som muito específico, seu próprio significante sonoro. Tossi parte dele na primeira semana. Diante do esmalte imaculado da pia do hospital, parecia uma framboesa esmagada.

 O diagnóstico foi de leucemia promielocítica aguda (LPA), um tipo raro de leucemia mielocítica agressiva e que avança rapidamente. O ano de 2017 marcou o sexagésimo aniversário de sua classificação pelo hematologista norueguês Leif Hillestad. Quando descoberta, o tempo médio de sobrevida após o diagnóstico era de menos de uma semana. Hoje, a maioria das pessoas sobrevive por mais tempo, mas a causa de morte mais comum é sangramento no cérebro ou hemorragia pulmonar (semelhante à que se alojou no meu pulmão). Essas estatísticas sobre as causas de morte eu encontrei na internet, embora soubesse já que pesquisar qualquer doença no Google era uma péssima ideia. A busca pelo diagnóstico online é algo compulsivo, mas sem nuances.

 Na primeira noite no hospital, recebi várias transfusões de sangue e de plaquetas. Conectada a uma bomba de infusão, observei bolsas de gororoba viscosa afluindo em minhas veias. Dado meu conturbado histórico ortopédico, é irônico que um câncer de sangue comece na medula dos ossos. Dois diagnósticos distintos e separados por décadas agora compartilhavam uma estranha conexão óssea. Deitada na cama, ligo para meu irmão que mora na Austrália e ouço seu choro ao telefone. De manhã, cheia de remédios e sangue alheio, vomito litros de um pretume. *Será isso o câncer?*

 A quimioterapia começou no dia seguinte, e uma linha Hickman tripla foi inserida em meu peito para administrá-la, assim como outras drogas e anticoagulantes. O tubo plástico é inserido sob a pele da parede torácica e dentro da veia cava superior, uma grande veia que leva ao átrio direito do coração. Ali estava, um caixão enterrado em meu peito, com tecido celular crescendo ao seu redor. Seis meses depois, quando chegou a hora de removê-lo, o tubo mal se mexia. Tornou-se parte do meu corpo, e parte de mim se agarrou a ele. Uma enfermeira tentou nos separar com um bisturi e sem anestesia, e sangue jorrou por toda parte. A tentativa de separação forçada deixou quatro cicatrizes no meu pescoço.

B+

Um homem ajoelha-se em um palco branco, seu corpo em forma de um L ereto. Do calcanhar à cabeça raspada, ele está coberto por uma grossa tinta branca. Ouve-se uma trilha sonora monótona e antiorquestral. O artista Franko B, nascido em Milão em 1960, também pinta e desenha, mas é mais conhecido por performances em que sangra por agulhas espetadas em seus braços. Em *I'm Not Your Babe* [Não sou seu bebê] (1995-1996), espectadores devem considerar se a dor é uma performance ou se ele está, de fato, sofrendo, genuinamente esgotado pela perda de sangue. É uma obra que desorienta, podendo ser ao mesmo tempo funeral e ressurreição.

 De todas as suas obras com sangue, *Oh Lover Boy* [Oh, meu amante] (2001-2005) é à que assisto repetidas vezes. O público senta-se de frente a cortinas de hospital, que, então, abrem-se para revelar o artista deitado no que poderia ser uma tela em branco, o seu sangue escorrendo no declive de uma peça. Franko B é ao mesmo tempo artista e objeto servido ao espectador, pouco preparado para nosso consumo. Quando o assisto, vejo uma mesa de cirurgia ou de necropsia. É a peça mais cirúrgica de toda a sua obra. Coberto da cabeça aos pés com uma tinta branca brilhante, exceto pelo sangue que escorre de seus braços, sua pose é de um Cristo medicalizado, um estigma estático.

Ao contrário de suas performances anteriores, há pouco movimento em *Oh Lover Boy*, exceto quando Franko B cerra os punhos para acelerar o fluxo sanguíneo. A tinta branca exagera sua masculinidade caucasiana, mas a nudez enfatiza o quão vulnerável ele está. Seu sangue corre para uma vala, onde fica retido, e ao final ele se senta e parece intrigado, quase infantil. Retira-se, então, da mesa, deixando para trás riachos de sangue e a marca de seu corpo. Um fac-símile quase perfeito do eu que ali jazia. Fico fascinada e comovida por essa obra, que explora nossa mortalidade, a pura efemeridade de um corpo, de uma vida.

A performance foi filmada para a posteridade (ou talvez para a permanência, ao contrário do sangue que ele perde?), e há uma tomada aérea em que é possível contemplar o todo da cena como um tipo de projeção de consciência, uma *pietà* sem a Virgem Maria. Ao observá-lo, vejo vida e morte, quietude e vitalidade, arte e biologia. Franko transforma o corpóreo em algo filosófico. Assistir às suas performances é um encontro complicado: não se trata de uma tela ou de uma escultura, é algo vivo. Franko não é apenas o artista que representa algo temático; ele *é* a obra, e a obra é ele. Seu sangramento faz sentido para mim e me parece vital, de uma forma que uma pintura estática nunca poderia alcançar.

Observar esse sangue-derramado-como-arte, ou o gotejamento metódico de minhas próprias transfusões, me fez perceber mais esse líquido: a profundidade da cor, sua espessura, seu peso. O sangue nas bolsas é mais escuro e meio sinistro de ver. Selado a vácuo, tem uma intensidade que o sangue que sai de um corte não possui.

Quem nunca teve a experiência direta com sangue tem como ponto de referência apenas sua representação como objeto de cena, na medida em que o cinema tenta retratá-lo. O líquido girando ralo abaixo na cena do chuveiro de *Psicose* é calda de chocolate. A cena mais vívida de *Carrie, a estranha* não foca apenas no sangue, mas em sua proveniência e textura. Sissy Spacek, com sua faixa e coroa de rainha do baile, tinha sido transportada da marginalidade a que era excluída até que uma cachoeira de sangue de porco, grossa como tinta e xarope, cai sobre ela. Encharcada de hemoglobina, Carrie perpetua sua vingança telecinética a partir de uma nuvem vermelha. A cena é uma obra-prima de ritmo e tensão. De tudo do filme, o que mais me marca é a textura do sangue de porco, chapinhando no balde.

B-

Não há igualdade sem direitos reprodutivos, não há direitos reprodutivos sem respeito ao corpo feminino, não há respeito ao corpo feminino sem conhecer o sangue.

Christen Clifford, *I Want Your Blood* [Quero seu sangue]

É impossível determinar se uma mancha de sangue encontrada na parede veio de um homem ou de uma mulher, a menos que se procure por certos marcadores no laboratório, ou que se constate a presença ou ausência do cromossomo Y. Homens têm níveis mais elevados de plaquetas e de hemoglobina, mas essa identificação não é uma prova irrefutável. Historicamente, o derramamento de sangue é visto como um ato masculino de heroísmo: de lutas como ritos de passagem a esportes de contato e combate. São eventos infrequentes e aleatórios vistos como marcos autônomos; histórias para contar uma vez que a dor – e um tempo suficiente – já tenham passado. O sangramento feminino, no entanto, é mais mundano, mais frequente, mais fácil de lidar, apesar de sua existência ser a razão por que toda vida começa.

É bastante bem descrito como a menstruação pode ser inconveniente e dolorosa, e que é, para a maioria das mulheres, um ritual cíclico a ser suportado por metade da vida. A barra vermelha e o "retrato" na calcinha; do escarlate declaratório do primeiro dia aos pedaços mais escuros e viscosos. Durante a menstruação, o revestimento do útero se desprende e é eliminado, juntamente com o óvulo, que não foi fertilizado. O sangue menstrual é, na verdade, apenas 50% sangue: o resto é composto de muco cervical e tecido endometrial. A evacuação mensal torna essa substância um oxímoro: embora simbolize a possibilidade de uma nova vida, está mais próxima do desperdício. Sangramento como fecundidade, como significante de fertilidade; sangue como alívio por não estar grávida, ou decepção pela mesma razão.

Em *A mulher eunuco* – muito antes de sua retórica transfóbica e de suas ideias problemáticas sobre o estupro –, Germaine Greer sugere que, para conhecer o próprio corpo, as mulheres deveriam experimentar a secreção: "Se você se julga emancipada, deve considerar a ideia de provar seu próprio sangue menstrual – se isso a deixa enjoada, tem um longo caminho a percorrer, minha filha", escreveu (trad. Eglê Malheiros). Sinto um cheiro de ferro e, nos primeiros dias da minha primeira gravidez, tudo que consegui sentir era um gosto metálico. Minha boca cheia de ferrugem.

A despeito da verdade biológica de sua vermelhidão, até recentemente usava-se um líquido azul para demonstrar o funcionamento de absorventes higiênicos em propagandas na televisão irlandesa. Somente em 2017, durante a campanha "Sangue normal" da marca Bodyform, mostrou-se pela primeira vez um líquido vermelho em anúncios. O horror de mostrar sangue real era demais. Toda uma geração de moças riu de propagandas mostrando versões televisivas de nós mesmas, patinando ou saltitando em calças brancas. Nenhuma mancha de vazamento à vista – jamais! –, ao contrário de *Period* [Menstruação], uma série de fotografias das irmãs Rupi e Prabh Kaur, postada pela primeira vez no Instagram em 2015.

As imagens retratam a experiência de Rupi Kaur com seu próprio sangue menstrual: deitada, com sangue visivelmente manchando sua roupa; suas pernas escorrendo sangue no chuveiro; a nódoa em um lençol saindo da máquina de lavar. A obra de Kaur torna visível aquilo que as mulheres deveriam esconder. Elimina o tabu da menstruação como algo a ser tratado de forma secreta, algo a ser suportado dentro da casa e mantido às escuras. Essas imagens tornam o privado público.

Duas décadas antes, quando a icônica instalação de Tracey Emin, *My Bed* [Minha cama], foi exibida pela primeira vez, em 1999, na Tate Gallery, em Londres, as reações foram instantâneas e as mais variadas. Expressou-se horror especial pela inclusão de uma calcinha manchada com o sangue menstrual de Emin. Ainda que a arte encoraje a quebra de barreiras, foi dito que Emin teria passado dos limites. Tinha revelado algo que não deveria: algo que vinha de seu corpo, de seu eu-fêmea. Isso apesar de o corpo artístico sempre ter sido público. Se Emin tivesse se deitado na cama, completamente nua, ela mesma parte da instalação, teria sido exposta a menos julgamento que sua calcinha ensanguentada.

Em 2015, o então candidato republicano à presidência dos Estados Unidos, Donald Trump, participou de um debate no canal Fox News, moderado pela jornalista Megyn Kelly. Trump, não muito interessado nas perguntas feitas, comentou depois: "Dava para ver que ela tinha sangue nos olhos. Sangue saindo daquele lugar". Sarah Levy, uma artista de Portland, ouvindo esses comentários, pintou um retrato de Trump – com seu próprio sangue menstrual. A crítica machista de Trump a uma mulher voltou-se contra ele.

Muitas artistas fizeram isso antes de Levy: Judy Chicago, em sua obra solo na década de 1970 e na instalação coletiva com outras artistas *Womanhouse* [Casamulher]; Christen Clifford, em *I Want Your Blood* [Quero seu sangue] (2013), "uma ação pública feminista em três partes"; Jen Lewis e suas fotografias de aquários com sangue menstrual; a artista nova-iorquina Sandy Kim em fotos tiradas após fazer sexo menstruada; Ingrid Berthon-Moine, em *Red is the Color* [Vermelho é a cor] (2009), que tinge com sangue menstrual os lábios vermelhos das modelos, retratadas em poses típicas dos álbuns de agências de talento. Em 2000, a artista Vanessa Tiegs, que pinta com sangue menstrual, cunhou um termo coletivo para esse meio: "menstrala". Dar nome aos bois não apenas cria um movimento, mas legitima uma comunidade unida em sua experimentação e na defesa de algo natural que sempre colocou as mulheres em posições de alteridade e abjeção. Envergonhadas por sangrar, encorajadas a esconder o processo e como reagem a ele. Usar o sangue menstrual como material artístico é um ato feminista de reivindicação e luta.

O sangue como ferramenta de confronto é parte central da arte de Ana Mendieta. Nascida em Cuba, em 1948, Mendieta dedicou-se a usar seu corpo como ferramenta política em toda a sua vida artística. Em suas performances, filmes e fotografias, ela repetidamente retornava à ideia de sangue como símbolo tanto da violência patriarcal masculina contra as mulheres quanto do poder da sexualidade feminina. No curta-metragem de 1973 *Sweating Blood* [Suando sangue], Mendieta – de olhos fechados – permanece imóvel enquanto sangue parece escorrer de seus cabelos. Uma de suas peças mais chocantes deu-se em resposta ao estupro e assassinato de uma colega da Universidade de Iowa, em 1973. Mendieta recriou cuidadosamente a cena do crime e convidou estudantes e professores a irem, em um horário específico, visitá-la em seu apartamento, onde se depararam com a cena de Mendieta ensanguentada, nua sobre uma mesa e "morta". Mendieta usou do sangue para lembrar seu público da impermanência da vida e da materialidade de um corpo. Para ela, sangue era sexo e magia; e um *memento mori* visceral impregnado de experiência feminina.

★

O tratamento para os coágulos que apareceram em minha perna e em meu peito envolvia medicamentos que promoviam sua quebra e reabsorção pelo corpo. A menstruação tem seus próprios grumos – coágulos sólidos, aglomerados do revestimento uterino, pelotas da cor de fígado de vitrine de açougue –, pedaços finalmente expelidos do corpo. Por alguns meses da minha vida, os Coágulos tipo A (da trombose venosa profunda) e os Coágulos tipo B (da menstruação) sobrepuseram-se. O coágulo da perna e a embolia pulmonar percorriam livremente minhas veias, como Bonnie e Clyde venosos. Com a coagulação assim descontrolada, qualquer tipo de sangramento é perigoso. Meus níveis sanguíneos caíam a cada rodada de tratamento, tornando-me vulnerável a infecções.

Perder mais sangue era imprudente. O médico receitou um medicamento para interromper minha menstruação e também explicou que as altas doses de quimioterapia que eu estava recebendo poderiam afetar minha fertilidade. Pensei na interrupção do sangramento como uma interrupção do funcionamento do corpo, como se ele estivesse rateando. Parar de menstruar parecia uma moratória em um aspecto do ser mulher.

Há lacunas na minha memória a partir desse momento, coisas que meu cérebro não me permitiu reter. O nome do medicamento em questão foi esquecido há muito tempo, então digito termos vagos no Google: "drogas para interromper a menstruação" e "câncer" – e ele aparece instantaneamente. Faço isso toda vez que os longos nomes de medicamentos e tratamentos obscuros me escapam. Assim que aparecem na tela, há um reconhecimento instantâneo e desconfortável.

Após a alta do hospital, passei a ter que injetar anticoagulantes diariamente, da seguinte forma: eu limpava a pele com algodão embebido em álcool, abria a agulha descartável, inseria no frasco, sacava a seringa, sacudia para dispersar as bolhas de ar, puxava um punhado de pele da barriga, introduzia a agulha e apertava. Como as injeções eram subcutâneas, eu raramente via sangue, exceto por uma eventual bolinha no ponto de inserção. Eu tinha uma caixa berrante amarela e azul de objetos perfurocortantes com *Perigo!* escrito na frente. Assim como os lixinhos separados em cubículos de banheiros públicos, tais caixas servem para proteger, mas também para ocultar. Um lembrete de que meu sangue, periférico ou menstrual, carrega um risco biológico.

O+

No "depois" da doença, meu vocabulário se expandiu. Todos os dias aprendia palavras novas: embolia, infarto, neutrófilos, antraciclinas. Palavras para descrever coisas que não conseguia ver. Havia agulhas – centenas de agulhas. Tubos para hemocultura pareciam frascos de molho Tabasco. O cateter de Hickman se desprendeu do meu peito, o que me lembrou dos Borg em *Jornada nas estrelas*. Quando não conseguia comer, alimentavam-me com um líquido complexo pelo cateter. O recipiente parecia uma garrafa de leite de antigamente. O Hickman causou um hematoma do tamanho de uma bola de golfe, uma massa mole de sangue velho e coagulado. Passei meus dedos sobre ele, minha pele parecia veludo.

Recebi transfusões de sangue para várias cirurgias, incluindo a de substituição do quadril. Ter tido um coágulo pulmonar anteriormente me impediu de receber anestesia geral. Durante as cinco horas da cirurgia fiquei sedada, mas, no meio da operação, acordei. Não totalmente, mas o suficiente para saber que estava acordada e me perguntar o que havia de errado com a anestesia raquidiana, ou mesmo se estava alucinando por causa dos remédios, já que estava sentindo um tranco na área em que o cirurgião estava tentando inserir minha nova articulação. "Quem está me empurrando?", gaguejei. A dosagem foi rapidamente aumentada, e deslizei, novamente, sob as ondas.

Perdi muito sangue. Depois, na sala de recuperação, uma enfermeira de touca azul explicou que estavam preocupados com minha coloração e marcaram nova transfusão. Retornei à calma eterizada da anestesia e, quando acordei, havia uma bolsa de sangue balançando em um suporte de infusão intravenosa acima da minha cabeça. Brilhante e feroz, um coração de plástico. A vermelhidão do sangue é causada pelo ferro que compõe a proteína hemoglobina, responsável por transportar oxigênio aos pulmões. Sempre que via a palavra escrita, ela parecia embaralhada. HemoGOBLIN: um duende do mal à espreita em meus vasos sanguíneos, lançando feitiços. Quando penso nesses glóbulos vermelhos, aglomerando-se em veias, no sangue pulsando em meus ouvidos, uma veia salta em meu braço e não penso no som, ou no subir e descer da pele, mas apenas na pura vermelhidão por baixo de tudo.

O-

Na enfermaria hematológica, os tubos de sangue são codificados por cores e ordenados em fileiras.

> Roxo (hemograma completo)
> Azul (coagulação)
> Amarelo (virologia)
> Verde (plasma)
> Rosa (grupo sanguíneo e compatibilidade, em caso de transfusão)

Com a agulha no braço – "só um arranhãozinho" –, desvio o olhar da minha pele para o arco-íris da fileira de tubos de marca *Vacuette*. Toda vez que uma enfermeira enche um novo tubo com meu sangue, sinto vontade de perguntar: "Você não acha que The Vacuettes seria um ótimo nome para uma banda punk só de mulheres?". Mas nunca pergunto. Tento não focar no sangue saindo. *Vacuette* também poderia ser o nome da heroína em um romance francês barato ou uma gíria para garotas malvadas, mas meio burrinhas. Minha veia resiste e a agulha escapa. Desvio o olhar da punção e do sangue no meu braço e tento me concentrar na lixeira azul e amarela e em times cujas bandeiras incluem essas cores:

Futebol: *Wimbledon, Mansfield Town, Oxford United*.

Associação Atlética Gaélica: *Roscommon, Wicklow, Longford, Clare, Tipperary*.

Vacuette. Manipulo a palavra, supondo que venha de "vácuo": um lugar vazio esperando ser preenchido. Só cumpre sua função quando se enche de sangue.

O artista estadunidense Barton Beneš (1942–2012) interessava-se pela ideia de receptáculos-como-arte. Ao explorar as possibilidades de espaços diminutos, fez com que sua obra suscitasse questões sociais e políticas, dando agência a sua situação pessoal através da arte. Durante sua vida, Beneš atuou principalmente como escultor, mas ao tornar-se HIV positivo mudou de rumo. Passou a pegar, ao seu redor, coisas que representassem o que estava acontecendo com seu sangue. *Palette* [Paleta] (1998) é a tradicional paleta de artista recoberta de cápsulas e pílulas ao invés de tinta, feita com os próprios medicamentos para HIV que Beneš tomava. Nas duas versões de *Talisman* [Talismã] (1994), cápsulas de medicamentos antirretrovirais alternam-se com contas e dólares americanos imitando um rosário. As ferramentas de Beneš têm um propósito: são um meio de conectar a religião e a fé à doença, certamente, mas também são uma crítica ao preço exorbitante dos remédios para HIV na década de 1980. Se medicamentos podem ser usados como mercadoria, por que não usá-los como arte?

Para mim, as obras mais impressionantes de Beneš surgiram quando ele começou a usar seu próprio sangue, inicialmente em peças como *Transubstantiations 3* [Transubstanciações 3], na qual são presas penas coloridas a uma seringa com seu sangue HIV+. Parece menos um equipamento médico e mais uma flecha, com as penas enfileiradas sugerindo uma arma indígena. A religiosidade é tanto rotineira quanto ritualística na arte de Beneš, não apenas como fonte de esperança ou cura, mas ligada ao sangramento de Jesus na cruz – a chaga aberta em seu peito, análoga à crise da aids então em curso. Em *Crown of Thorns* [Coroa de espinhos] (1996), Beneš extrapolou essa ideia, entrecruzando agulhas e tubos intravenosos cheios de seu sangue infectado em uma coroa de espinhos, tecendo uma obra delicada e devastadora.

Na década de 1980, a aids dizimou a comunidade gay em sua cidade adotiva de Nova Iorque. No começo da epidemia, muitos não sabiam que tinham sido infectados. Beneš perdeu muitos amigos – incluindo seu namorado – para a doença, e com sua arte tentou lidar com essas perdas. "Nunca soube o que fazer com a aids. Era um assunto difícil para mim", disse certa vez ao canal de televisão CNN.

A proximidade com o horror do que estava acontecendo com sua comunidade, a incompreensão, o acerto de contas com sua própria doença levaram à mais contundente das peças, a série de arte com sangue *Lethal Weapons* [Armas letais] (1992-1997), composta por trinta recipientes contendo seu sangue HIV+ e o de outras pessoas. Inclui *Silencer* [Silenciador], 1993 (uma pistola de água), *Essence* [Essência], 1994 (um atomizador de perfume), *Holy Water* [Água-benta], 1992 (um vidro de água-benta), *Absolute Beneš*, 1994 (uma garrafinha de vodka Absolut), *Venomous Rose* [Rosa venenosa], 1993 (uma flor de palhaço) e *Coquetel Molotov*, 1994.

Bem-humorada e comovente, a turnê europeia da exposição foi marcada por controvérsias. O ministro da Saúde da Suécia mandou fechá-la e os tabloides apelidaram Beneš de "terrorista artístico". Um jornal chamou a exposição de um "show de horrores da aids", mas Beneš pegou objetos românticos, cômicos e religiosos e os redefiniu como arte. De que outra forma se pode confrontar a própria mortalidade por meio da arte? Ou reagir ao fim prematuro de uma vida?

Na noite do meu diagnóstico de leucemia, não consegui dar a notícia aos meus pais. Temendo sua reação, pedi à enfermeira que contasse. Preparei-me em minha cama, esperando que aparecessem por detrás da cortina. Jamais esquecerei seus rostos, sua incompreensão e suas lágrimas. Em meio a toda a injustiça daquele momento, eu sabia que algo era exigido de mim. Que escondesse meu medo e oferecesse a eles um vislumbre de futuro que ninguém sabia ser possível. Não me lembro disso, mas minha mãe me contou, anos depois, que olhei para seu rosto e declarei: "Eu não vou morrer. Vou escrever um livro". Comprometer-se com a escrita, ou com a arte, é comprometer-se com a vida. Um prazo autoimposto como meio de continuar a existir. Levei muito tempo para escrever este livro e aqui estou, muito longe daquela noite terrível.

A arte tem a ver com uma interpretação de nossa própria experiência. Ao entrar em hospitais ou em enfermarias hematológicas, nossa identidade muda. Passamos de artista ou mãe ou irmã para paciente, mais uma entre doentes. Entregamos o líquido de nossas veias para o microscópio e a pipeta. Beneš usou sua arte como uma forma de inquilinato. Se os tubos do hospital podiam alojar seu sangue, suas próprias obras também o fariam. Beneš sabia que, se era para seu sangue ficar em qualquer outro lugar que não em suas veias, poderia muito bem usá-lo para sua pauta estética; sua declaração de posse.

AB+

Quem cresce em um país católico entende, desde muito cedo, que o sangue é altamente simbólico. Não há como fiéis esquecerem que Jesus sangra: da coroa de espinhos enterrada em sua fronte até as chagas em suas mãos e em seus pés. Diz-se que, enquanto Cristo estava pendurado na cruz, um soldado romano perfurou seu peito e que sangue *e* água verteram de seu corpo. Fluidos vivificantes, ambos constituintes elementares do corpo. O ato de sangrar o torna mortal, vulnerável e mais parecido com "gente como a gente". Sempre que a palavra "sangue" é usada na Bíblia, faz-se referência ao autossacrifício de Jesus. "Sangue de Cristo", para os cristãos, é Jesus literalmente se entregando para salvar as almas impuras.

> Tomai, todos, e bebei:
> este é o cálice do meu Sangue,
> o Sangue da nova e eterna aliança,
> que será derramado por vós e por todos
> para remissão dos pecados.
> Fazei isto em memória de Mim.

Sou católica não praticante há muito tempo e faz décadas que não vou à missa, mas, quando vou a funerais ou a casamentos, cada palavra desse feitiço volta a minha memória. Seria capaz de recitá-lo de cor, caso necessário. Mesmo as religiões mais estabelecidas e conservadoras têm raízes profundas no ritual. O rito eucarístico da missa é quase tribal e imagino tambores e fogueiras acesas quando o ouço. É como vodu, magia ou feitiçaria. Depois de ajoelhar-me centenas de vezes em bancos ao longo dos anos, desenvolvi uma forte desconfiança. O verso sobre "o cálice do Meu sangue" me faz pensar nas bruxas de Macbeth. "Dobrem, dobrem, problema e confusão; Fogo queima, borbulha o caldeirão" (trad. Rafael Rafaelli).

A transubstanciação é um mero truque de mágica: a ilusão de um vinho que se transforma em sangue baseia-se puramente na fé. A congregação deve acreditar que a hóstia da comunhão vira carne e que o cálice dourado de vinho se enche das hemoglobinas de Jesus. Não é pouca coisa e exige a suspensão da descrença coletiva, e é essa mesma fé cega que faz com que as pessoas acreditem na imortalidade, ou em um Deus intervencionista.

Recentemente, o pai de um amigo me contou que quase perdeu os dedos, ainda criança, quando ele e sua irmã estavam cortando lenha e ela lhe deu um golpe com a machadinha. Havia, na região, uma senhora que sabia uma "oração de sangue", e sua mãe o carregou nos braços até a casa dessa mulher, deixando um rastro escarlate pela rua. Acreditava-se que essa oração fazia humanos e animais pararem de sangrar, e só poderia ser entoada por uma pessoa do sexo oposto. Era assim:

> Nosso Senhor Jesus Cristo que nasceu no estábulo
> em Belém, batizado por São João no
> rio Jordão, faça com que <FULANO>
> pare de sangrar, em nome de Jesus Cristo.

O pai do meu amigo disse que o sangue parou de jorrar imediatamente e que seus dedos – e vida – foram salvos.

AB-

Uma caixa chega pelo correio, contendo um tubo de ensaio de plástico. Devo preenchê-lo até a linha pontilhada com uma quantidade exata de saliva. "Quem você pensa que é?" Ao longo dos anos, o que ouvi de médicos me deixou curiosa sobre meu DNA e o que haveria nessa dupla hélice. Cadastro o tubo online e saio para devolver a caixa para uma empresa estadunidense. Do lado de fora dos Correios, o tráfego fervilha ao meu redor e, ao meu lado, passam pessoas que nunca saberão detalhes sobre seus cromossomos. Faço uma pausa momentânea, não tanto porque hesito mas porque quero refletir, e coloco o pacote na boca verde da caixa postal.

Os médicos decidiram por uma abordagem em duas frentes para tratar minha LMA, combinando a quimioterapia padrão – em seringas vermelhas e verdes gigantes que mais parecem ter saído das *Viagens de Gulliver* – a uma droga relativamente nova chamada ATRA, que funciona apenas para meu tipo de leucemia. O tratamento é chamado de Protocolo Espanhol, porque demonstrou-se que latino-americanos e ibéricos têm maior incidência da doença. A origem dessa veia hispânica me fascina.

Na mitologia irlandesa, os primeiros colonizadores da nossa ilha foram os milesianos. No medieval *Lebor Gabála Érenn* ("O livro da tomada da Irlanda"), é dito que esse povo gaélico teria vindo para cá da Península Ibérica, de onde chegaram, por sua vez, vindos do Sul da Rússia. Outros citam marinheiros que se estabeleceram por aqui depois que os navios da Armada Espanhola afundaram na costa irlandesa no século XVI. Não há prova definitiva dessas teorias ou de minha ascendência, mas o autor e cineasta Bob Quinn, em *Atlantean* [Atlântida], descreve uma antiga rota de comércio marítimo do Norte da África atravessando o Atlântico a partir da costa oeste da Irlanda. Ele observa certas características comuns (incluindo uma influência berbere) como indicação de uma população hiberno-ibérica. Dia após dia, atualizo o site do DNA esperando meus resultados.

Minha filha nasceu um mês inteiro antes da hora, pequenininha e incubada, uma bolinha de carne encolhida. A pediatra veio examiná-la e, olhando para sua coluna, ou para sua pele, ou para alguma outra parte que desconheço, declarou: "Vejo que ela não é uma verdadeira celta". Após a cesárea, eu estava esgotada, grogue e entupida de opiáceos. Não estava alerta o suficiente para perguntar o que isso significava. Se ela não era celta, o que seria? Juntamente com a suscetibilidade ibérica à LMA e a minha curiosidade sobre a ancestralidade em geral, um julgamento feito de forma tão solta alimentou minha decisão de enviar o tubo de cuspe embrulhado em plástico-bolha.

Os resultados que chegaram semanas depois mostravam que não sou 100% irlandesa. A divisão do meu DNA é 91,5% britânico e irlandês, 4,2% do Noroeste da Europa, outros 2,4% especificamente escandinavos, 0,3% do Leste europeu, 0,1% do Leste asiático e nativo-americano e 0,1% Yakut, um povo da Rússia oriental. Nada de nenhum grupo populacional espanhol ou latino (zero por cento para ambos). Os resultados aparecem em um mapa e noto que toda a América do Sul está destacada, então talvez seja esse o link latino.

Meu haplogrupo (grupo genético populacional de pessoas com um ancestral comum), T2e, é um sub-haplogrupo de T2, mais prevalente na Europa mediterrânea. Investigo mais e descubro que há uma possível ligação do T2e com os judeus sefarditas, que viveram na Espanha e em Portugal por volta de 1000 d.C. No século XV eles foram expulsos e fugiram para a Bulgária. "Sefardita" pode ser traduzido como "espanhol" ou "hispânico" do hebraico *Sefarad*. Todos em minha família, eu sendo a primeira exceção, sempre foram profundamente católicos, então, me divirto com a ideia de uma possível conexão ancestral com judeus errantes. Claro, estou há centenas de anos disso, e uma microporcentagem de DNA sefardita não é o que fez meus glóbulos brancos se rebelarem. Tampouco essa quantidade minúscula de Yakut ou a consanguinidade escandinava teriam alguma coisa a ver com minha filha não ser autenticamente celta.

★

Enquanto escrevia este ensaio, o marido da minha melhor amiga estava morrendo. Ele tinha apenas quarenta anos, mas teve um tipo de câncer particularmente agressivo que ficava sempre recidivando e acabou por encurralá-lo. Cuidadores são especialistas em detectar os sinais de que a vida está chegando ao fim; explicam como as extremidades vão esfriando na medida em que o sangue começa a deixar as mãos e os pés, movendo-se em direção aos órgãos vitais.

Na manhã seguinte a sua morte, dois dias depois do Ano-novo, sentei-me com minha amiga no quarto do andar térreo para onde a cama deles havia sido transferida. Nas primeiras horas de sua viuvez, cada uma de nós segurou uma das mãos dele. Mãos de artista, que tinham desenhado os convites de seu casamento, que acontecera há apenas dezoito dias. Seus dedos ainda continham alguma sugestão de calor. Seu coração batera pela última vez. Todos aqueles quilômetros de sangue terminaram sua jornada cíclica. Assim é o corpo chegando ao fim: o sangue virando outra coisa. Os momentos finais vão contra todos os anos e dias de movimento que levaram àquele instante. Eu tinha esquecido como o corpo enrijece após a morte, como todo aquele sangue se solidifica, como a pele quente esfria rapidamente. Penso em como a vermelhidão cinética de toda uma vida se transforma na morte. Uma reinvenção final, em direção à inércia e para longe da vitalidade de toda coisa viva.

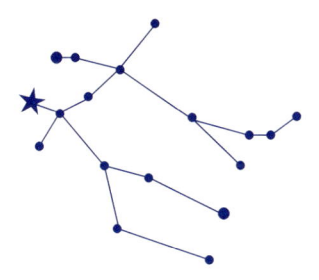

Sobre a natureza atômica dos trimestres

É uma verdade universalmente reconhecida que toda mulher possuidora de um útero e de um suprimento decente de óvulos deve estar em busca de um filho. Sabemos bem disso, nós mulheres. A diretriz de que cada uma de nós deve produzir ou querer bebês antecede mesmo a Virgem Maria, que milagrosamente deu à luz Jesus Cristo (sem o pré-requisito da trepada). O desejo de procriar e propagar é tão aleatório quanto qualquer outro ato de livre arbítrio, mas foi imposto às mulheres, como tantos outros ideais de perfeição feminina. Seja magra! Seja linda! Fique grávida! Um conceito baseado na ideia da biologia-como-destino, como se o ápice de ser mulher fosse ser mãe. Mas nem todas querem isso. Nem toda mulher tem útero, é capaz de conceber ou tem acesso instantâneo a sêmen. Embora tenha havido algum progresso no entendimento sobre o que, de fato, são os corpos femininos, o que deveriam ser ou podem fazer, a expectativa de que toda mulher vá escolher a maternidade em algum momento persiste.

Há muitos xingamentos terríveis que se podem dirigir a uma mulher. Esses termos têm seu próprio canto venenoso no glossário de "injúrias femininas". Sabemos que essas palavras, com suas consoantes ásperas, são os insultos preferidos de muita gente. Suas etimologias genitais têm como objetivo lembrar as mulheres de sua função e seu valor em relação aos homens.

"Antimaternal". O "anti" sugerindo a fuga do que é normal. Ser antialgo é opor-se a algo, discordando: o "anti" é antinatural. "Sem filhos" é outra expressão. As mulheres que escolhem – tranquilamente, sem maiores problemas – não procriar são classificadas como mal-amadas e solitárias. Harpias egocêntricas. Personagens carecas de Roald Dahl que querem atormentar crianças em vez de gerá-las. Um tipo menor de mulher. Como se a única maneira de expressar carinho e bondade fosse gerar – ou criar – outro ser humano.

Quando digitamos o nome de qualquer mulher famosa na internet, a palavra "filhos" sempre preenche automaticamente nossas opções de pesquisa. Começa cedo a mensagem de que as meninas devem ser educadoras, de que o trabalho emocional é um aspecto inevitável da vida de quem se identifica como mulher. Bonecas – esses pseudobebês – são um ritual de passagem, e todas as que eu já tive eram devidamente passeadas e ninadas; seus constantes biquinhos, acalmados; seus membros de plástico, banhados e vestidos. Uma vez, uma boneca sofreu um corte de cabelo experimental e, após as tesouradas, parecia-se com a Poly Styrene, da banda X-Ray Spex. No meio de todas as botinhas e babadores e mamadeiras falsas que se reabasteciam quando viradas de cabeça para baixo, a ideia da maternidade deve ter piscado várias vezes diante dos meus olhos. Não foi um único momento, uma imagem pausada na tela, desfocada como em VHS dos anos 1980. Em algum momento, devo ter pensado que seria mãe, principalmente porque gostava da ideia, mas também por perceber que havia uma expectativa de que as mulheres cumprissem esse destino pré-ordenado.

Sou a única filha mulher, nascida entre dois irmãos maravilhosos, mas cresci desejando ter uma irmã, mesmo após a janela de fertilidade da minha mãe ter se fechado. Supliquei, implorei, ofereci-me para cuidar da menina caso ela tivesse outra filha. Durante a década em que meus irmãos e eu éramos todos adolescentes, só eu era advertida todos os dias para não voltar para casa com a notícia de que estaria grávida, a ouvir histórias de vidas arruinadas, perspectivas perdidas, o choque físico de se ver de repente sozinha, segurando um bebê.

Aos vinte e poucos anos, já formadas, engravidar era a última coisa que eu ou qualquer uma das minhas amigas queria. Um bebê era como um albatroz: um peso morto, uma barreira para nossos sonhos, empregos e viagens. Amigas que tiveram filhos nessa época estão agora do outro lado da maternagem. Já estão livres. Mas, naquela época, filhos eram considerados uma terra distante, em cujo cais algum dia poderíamos atracar, marchando pela rampa de embarque para olhar a maternidade bem nos olhos. Essas décadas de juventude também foram gastas descobrindo o corpo, ouvindo-o, nadando por seus ciclos. Os avisos para não engravidar eram constantes, mas ninguém falava sobre como nossos corpos realmente funcionavam, as janelas boas e ruins, como navegar nossa própria fertilidade antes dos aplicativos menstruais e palitinhos de ovulação. O próprio conceito de ovulação era nebuloso, nossos úteros, um mistério para nós mesmas. Só quando alguém tomava a decisão de engravidar, as pessoas falavam, em voz baixa, sobre o muco cervical, de como ele era crucial, de toda sua consistência de clara de ovo. O equivalente do âmbar cinza para a concepção.

Eu não ansiava ter filhos quando era mais jovem. Não me inspiravam desejo, ao contrário da atração que sentia por rodovias americanas ou fusos horários distantes, mas guardei o sentimento no bolso, guardei-o para mais tarde. Mesmo tomando todo cuidado, a maioria das mulheres passa pelo medo de estar grávida. Ficam dias checando e esperando. Nossas vidas biológicas são determinadas numericamente; ciclos de vinte e oito dias (uma raridade) e a espera de duas semanas antes de fazer xixi no palito. Depois a bifurcação na estrada: se a gravidez era o resultado desejado, a excitação de ter que esperar doze semanas para anunciar a notícia. Ou a outra opção: somar uma crise não planejada a cálculos assustadores: a contagem de datas, do custo total e a percepção de que aquilo é incompatível com sua situação financeira. A decisão – necessária, até muito recentemente na história irlandesa – de viajar a outro país onde fossem respeitados os direitos reprodutivos das mulheres.

É natural botarmos fé em nossos corpos. Confiar que estarão prontos para tal tarefa quando nós mesmas estivermos. A vida é vivida no tempo presente; o calendário rege do contracheque à menstruação. Toda mulher presume ser capaz de engravidar – até não conseguir. Tenta-se uma vez, depois três, e os meses voam. Amigas falam de sprays nasais e autoinjeção, de inúmeros exames internos, da falta de batimentos cardíacos, de "ir para casa e tomar os remédios".

Cada mulher nasce com todos os óvulos que vai ter durante a vida. Eu nunca tinha tido que pensar nisso até meus pulmões começarem a borbulhar com um coágulo e tubos serem inseridos no meu corpo, aos vinte e oito anos. A ciência decretou que eu estava no meio da janela ideal de fertilidade, dos 20 aos 34 anos. Imaginei-me em uma grade ao estilo de *Tron*, uma pequena curva em um gráfico matemático, uma oscilação. Sempre me achei responsável: tomava pílula e presumia que ainda teria que evitar a gravidez por alguns anos. Mas aí, às 6 da manhã de um domingo frio, a ambulância chegou quando ainda estava escuro lá fora.

Fui diagnosticada com câncer no sangue e alguém me disse que a quimioterapia começaria amanhã. Tudo sempre começa às segundas-feiras. A semana de trabalho e novos começos e o resto da minha vida começariam na segunda-feira. O primeiro dia completo em que nada nunca mais será igual caiu numa segunda-feira. Nessa correria de vinte e quatro horas, tive um pensamento recorrente (não de morte, porque não podia me permitir pensar na morte). Meus óvulos. "O que vai acontecer com meus óvulos?" Todos aqueles óvulos que bombardeei constantemente com estrogênio e progesterona artificiais durante todos esses anos.

Quando os médicos deram a entender que havia uma chance de eu morrer, o tempo acelerou e, então, parou, tornando-se um bem precioso. Disseram-me calmamente que "não havia tempo" para congelar os óvulos, para fazer o que médicos chamam de "criopreservação de ovócitos". No meu corpo, os linfócitos ruins estavam tentando matar os ovócitos bons. Naquele momento, na Irlanda, não havia instalações de preservação de óvulos.

Quando as más notícias chegaram, passei por um *flash-forward* – dos filhos que não teria. Evito me debruçar sobre o horror do câncer que estava se desenvolvendo em mim e, assim, penso nos óvulos. Tento fazer as contas. Quantos tenho, quantos gastei, todos esses anos menstruando, todos esses meses de alívio. Imagino-os brancos, depois vermelhos e depois translúcidos. Gostaria de saber se eles são ovais ou ovoides ou elípticos? Talvez elípticos. Minha fertilidade como a questão em aberto de uma elipse...

"Terei filhos?"

...

"Sou infértil?"

...

"Como minha vida veio parar aqui?"

...

Além do choque e das bolsas de sangue e de vomitar algo que parece sangue, há outra droga. Não é a pílula, mas uma variação frequentemente usada em reposição hormonal ou para tratar outros problemas ginecológicos. Como tenho risco de coágulo, mesmo sem a pílula, o preceptor prescreve noretisterona. É semelhante à progesterona natural do corpo, responsável por suprimir as gonadotrofinas: o FSH (hormônio folículo-estimulante) e o LH (hormônio luteinizante) – todos os elementos hormonais que o corpo da mulher precisa para fazer um bebê.

Assim como a doença, a gravidez tem seu próprio vocabulário, coisas que você nem sabia que existiam, ou mesmo que existiam palavras para designar. Essa droga também pode ser usada – como no meu caso – para auxiliar na inibição da ovulação e na transformação do endométrio. Tal transformação me lembra de programas de antes-e-depois bem exagerados, como se alguém fosse abrir uma cortina para revelar o útero dentro do provador, antes coberto por um revestimento irregular e, agora, elegante, lisinho e belo como um cisne. Engulo as pílulas para acalmar meus ovários e um bebê se torna uma façanha impossível. Não há sangramento por quase um ano, o que me inquieta. "A gravidez deve ser assim também", penso, ouvindo os sons noturnos do hospital. As náuseas, a falta do sangue, mudanças corporais que alteram toda a vida: sintomas que, ao mesmo tempo, imitam e são o oposto da gravidez. Células novas e desconhecidas crescendo dentro de mim, multiplicando-se e dividindo-se, mas não são um bebê.

Após seis meses de quimioterapia e de complicações, os médicos declararam que eu estava em remissão. A ginecologista testou meus níveis hormonais e os comparou aos de uma "mulher no pós-menopausa". Recebi a ligação da secretária enquanto estava dirigindo. Parei e chorei no acostamento da rodovia. Deixei o câncer para trás, mas ainda estava nervosa com o tratamento de manutenção e seus três tipos distintos de medicamentos. Um deles é o ATRA, a droga que salvou minha vida e que só funciona para o meu tipo específico de leucemia. É extremamente cara e, cada vez que requisito um novo lote, o farmacêutico suspira suavemente e levanta uma sobrancelha solidária. As cápsulas não são nada de mais, mas há uma legião de danos tóxicos e caros contidos em seu invólucro de plástico. Junto com outras duas drogas, tomei nove dessas cápsulas por dia durante quinze dias, a cada três meses, durante dois anos. No total, ingeri 1.080 cápsulas de ATRA. Os efeitos colaterais foram numerosos. Dores de cabeça, que eram raras para mim, agora chegavam com uma frequência ofuscante, devido à "hipertensão intracraniana benigna". Minha pele estava sempre seca, descascando-se em mininevascas.

Um dos efeitos colaterais mais incomuns era um tipo estranho de distúrbio visual. A fonte pode ser na retina ou na córnea, mas, por meses, enxerguei formas estranhas em meu campo visual.

Os dois anos de ATRA e de manutenção passaram (com uma complicação, ligada às então draconianas leis reprodutivas da Irlanda), e fui monitorada de perto para detectar recaídas. Parecia muito difícil pensar em ter filhos durante a recuperação. Ter um bebê não era o primeiro desejo que vinha à mente, diferente de lascas de gelo após a cirurgia ou de uma boa refeição após dias de cama. Por causa do ATRA, fui aconselhada por todos a esperar pelo menos seis meses antes de tentar engravidar. Resolvo esperar mais.

Meu corpo parece estar no limbo, melhorando, mas ainda muito preso ao mundo da medicina. Ponderei sobre o que aconteceu e sobre o que isso significou. O caminho a minha frente ainda era longo e não havia como saber o resultado da remissão a longo prazo. Em termos de uma gravidez, as estatísticas estavam contra mim. Tinha uma certeza, no entanto: depois de anos de cirurgias e de salas de espera, de enfermarias e de macas cercadas de cortinas, sabia que não tentaria a fertilização *in vitro*. Havia chegado ao meu limite de procedimentos invasivos. Meu corpo precisava de um descanso. "Chega", ele sussurrava. Meu marido concordou e decidimos tentar conceber naturalmente, ainda meio cautelosos. A decisão de ter um filho deveria ser tão alegre, tão "divertida", mas, para nós, era tão assustadora. Morria de medo, não queria me decepcionar comigo mesma, sentir meu corpo falhar novamente. Empurrei esses pensamentos para longe.

Meu aniversário é no verão, na véspera de Lúnasa, uma antiga festa celta para trazer uma boa colheita no outono. No início do ano, temos Imbolc, a festa de Santa Brígida, associada à fertilidade. Fiz trinta e dois anos, pronta para o que quer que acontecesse. A maternidade tornou-se outra coisa. Um estado em que pensava e tentava ignorar. Há muito não era mais abstração; ela pairava em torno da minha vida. Onze semanas depois, havia uma linha rosa fraca no teste. Uma ilusão. Depois, outro teste, mais caro, com palavras e não com linhas. A espera pelo resultado preenchendo o ambiente. Os olhos se moviam da pia para a banheira e para o chão, qualquer coisa em que me ancorar. Não era um anseio alegre, de uma expectativa boa, esse sentimento. Era algo familiar. O mesmo que sentia ao esperar más notícias.

E então "grávida" apareceu na janelinha.

Houve tanta descrença, não apenas naquele momento, mas durante as primeiras semanas. Como se eu tivesse pregado uma peça, enganado meu corpo a me dar algo por que eu ansiava. Planejei um assalto a um grande banco, pulei em um carro de fuga, deixando alarmes e sirenes tocando atrás de mim.

Fiquei esperando que algo de ruim acontecesse. Uma sensação sempre periférica, como a suástica giratória que surgiu como efeito colateral no canto da minha visão. Fiquei esperando meu corpo estragar tudo. Meus ossos, meu sangue tinham vontade própria, já haviam feito coisas que não deveriam. Estava convencida de que, ainda que meu corpo agora estivesse tentando fazer algo que a maioria das mulheres faz com facilidade, não conseguiria. Não me deixei acreditar e estava com muito medo de contar a alguém.

Bem no momento em que essa nova pessoa crescia dentro de mim, minha mãe passava por um tratamento de câncer. Fazia quimioterapia e cirurgia, entrava e saía do hospital. Estava doida para contar a ela, mas não queria preocupá-la ou desapontá-la se não desse certo.

Agora que tudo parecia estar, de fato, acontecendo, a vontade de ser mãe era insistente e, nessas primeiras semanas, eu faria qualquer coisa para garantir que tudo transcorresse bem. Venderia tudo o que tenho, faria pactos com Belzebu, doaria um órgão. E percebi então que, se toda a experiência acabasse naquele dia, ou na semana seguinte, ou antes de chegar às trinta e nove semanas, eu nunca seria capaz de abandonar esse desejo, de voltar a não querer ter filho.

Às sete semanas, minha obstetra insistiu em fazer um exame precoce. Essa coisa minúscula – um aglomerado de células, uma linha rosa em um teste – era muito pequena para aparecer em um ultrassom pélvico e, então, fiz um exame transvaginal. Uma varinha – essa é a palavra usada – foi inserida até o meu colo do útero. Seria essa a hora de acreditar em magia, ou de invocar forças ocultas. A tela era um borrão de camadas e formas e, só quando ela sorri e chama meu marido, percebo que eu estava segurando a respiração. Ela aponta para algo diminuto e diz: "ali está o seu bebê". Eu me permito acessar totalmente o sentimento. Encho-me dele. É uma alegria absoluta em sua completude.

A vontade, com uma boa notícia dessa, era de compartilhar, mas estávamos muito nervosos, não querendo atentar contra o destino. Cada dia que passava trazia o choque de poder saborear essa sensação, de desejar que as semanas seguissem acumulando-se, de saber que o bebê estava ficando mais forte. Depois dos testes veio o medo. A vida estava prestes a sair do asfalto e nada mais seria igual. E o que você faz com um serzinho tão pequeno?

No dia do exame, entrei em um hospital e minha mãe recebeu alta em outro. Os últimos dois meses haviam sido implacáveis e as boas notícias, escassas. É final de novembro e ela estava em casa, apoiada na cama. Fizemos uma visita e anunciamos que tínhamos um presente de Natal antecipado para ela. Sentei na cama e entreguei-lhe a imagem borrada, um quadrado fino de papel fotográfico brilhante. Ela olhou e tentou descobrir o que significava. Depois, houve sorrisos e lágrimas. Ela se repreendeu por não ter adivinhado, mas havia tido que lidar com tanta coisa ultimamente. No Natal, eu completaria doze semanas e poderíamos começar a contar aos amigos.

As semanas progrediram e não passei mal, exceto por uma náusea diabólica todas as manhãs se ficava em jejum. Um cansaço me atingia como se alguém tivesse me acertado na cabeça com um tijolo. Ansiava por coisas doces e assava brownies, acabando com um tabuleiro antes de conseguir fazer outro. Os primeiros chutes, um peixe batendo contra o vidro de seu aquário. Apareci na TV e a mãe de um amigo disse, casualmente: "até seus dedos estavam gordos".

    Estranhos adoram dar opinião sobre o corpo de grávidas: se a barriga está grande ou discreta, se é menino ou menina, se os seios estão mais caídos, se o cabelo está mais brilhante, se a gravidez está fazendo a pessoa inteira brilhar. Todo mundo diz, inclinando a cabeça de preocupação, que "você está exagerando". Pessoas com quem você não compartilharia uma colher colocam as mãos em sua barriga, alheias à intrusão. O corpo grávido não pertence exclusivamente a sua dona. Ao gestar outra pessoa, você se torna propriedade pública. O mundo – mulheres nas filas das lojas, vizinhos, a internet – está cheio de comentários e de conselhos que ninguém pediu.

    Os meses se acumularam sem incidentes. Os exames regulares, feitos só para ficar de olho, não tinham nada de diferente a relatar. Um ultrassonografista deixou escapar qual era o sexo com 21 semanas, mas eu já sabia que era um menino. Meu corpo, no qual aprendi a não confiar, fez tudo o que deveria fazer – até o fim. Três semanas antes da cesariana marcada, fui ao meu médico e, na caminhada de volta pelo estacionamento, uma forte dor se instalou na parte inferior das costas. Em vez de me deitar, dirigi até a loja de artigos de casa e, como um passarinho fazendo o ninho, comprei prateleiras e tinta. A dor persistia, assim como uma série de tremores secundários. Enquanto o estrondo na minha espinha insistia, lembrei a mim mesma que ainda faltavam vinte dias para aquele menino nascer. Naquela mesma noite, meu marido me fez rir e aconteceu: a bolsa estourou, água jorrou e saí pingando um rastro amniótico escada acima. No galope noite adentro, esquecemos da sacola que levaríamos ao hospital porque sabíamos que ele estava a caminho.

Do riso que me fez jorrar até o nascimento, a experiência toda levou menos de três horas, e lá estava ele. Seu choro quando emergiu da meia-lua do meu corpo foi o som mais real que já ouvi. Uma nota única, uma canção entre nós dois. Houve surpresa, gratidão, alívio. Nas horas depois da chegada do meu filho, vomitei todos os opiáceos que recebi e não consegui parar de olhar para aquele garotinho. A pulsação de sua fontanela, o rosa de seus membros perfeitamente formados. Seu punho cerrado como se segurasse algo secreto. Isso é o que toda mãe faz e sempre fez. Envolta nessa novidade, nessas sensações inaugurais. Tudo é novo: ele, o amanhecer, de repente ser mãe de alguém. A medicação me carregava da náusea à exaustão, mas meus olhos se recusavam a fechar, não queria perder nem um minuto da vida dele.

Naqueles primeiros dias, alguém veio verificar seus quadris. O velho mal-estar, a espera por alguém dizer que "está tudo bem", dura ainda mais tempo com ele. Percebi que sempre seria assim. Minha pelve – com todas as suas operações, perfurações, raspagens de ossos – deu conta de uma gravidez. Ela se manteve assim segura por mais um ano. Quando meu filho fez nove meses – a duração de uma gestação, e ele engatinhando, agarrando tudo e todo curioso – vi-me no mesmo banheiro, a mesma declaração escrita em preto em uma pequena janela de plástico: "grávida". Esse não era o plano. Cambaleei com o choque e com a minha sorte. Era difícil acreditar que meu corpo havia se recuperado. Depois de tudo o que lhe pedi, ele me atendeu. Naquela tarde, progrido das lágrimas pelo susto à felicidade plena e ao mesmo velho medo. Dois bebês em dois anos. "Por favor, fique, por favor, fique bem".

Não há dois bebês iguais. Gravidezes tampouco. Estava apenas um ano mais velha, mas a obstetra sugeriu um teste de dobra nucal e, depois, outro teste. Quinze semanas passaram e eu estava deitada em uma maca enquanto um homem enfiava uma agulha gigante na minha barriga. O procedimento tinha 1% de chance de causar um aborto espontâneo. Parecia um filme de terror, via-me por entre os dedos, tentei observar a cena de forma dissociativa como se estivesse no alto da sala. Os resultados levaram duas longas semanas para sair. Passei aquela quinzena inteira ansiosa, inclusive na festa do primeiro aniversário do meu filho. Sorri e cortei o bolo. Um telefonema finalmente confirmou que estava tudo bem e, como se tratava de um exame de cromossomos, perguntei qual era o sexo. Ouvi um farfalhar de papel, o abafamento de quando se segura o telefone entre o queixo e o ombro. "Uma menina". Estar grávida parecia um milagre. Nunca tive preferência pelo sexo do bebê. Seria ótimo ter dois meninos. Mas seria uma menina. Nossa filha.

As coisas foram caminhando como na minha primeira gravidez, até que uma dor surgiu e se instalou entre minha pelve e vértebras, uma invasora entre meus ossos. Depois de quase duas décadas sem, me reacostumei às muletas, para ir e voltar da maternidade, onde fazia fisioterapia. A fisioterapeuta era simpática, mas tinha que pressionar com mais força para dissipar os nós que se contraíam ao redor do casco rachado que era meu quadril. Eu ia levando, e chorava aquele tipo de choro calado das mulheres nos hospitais, enquanto ela se afundava em meu tecido muscular, deixando enfurecidos hematomas escuros por dias e dias.

Na gravidez, o corpo é um vaso de cartilagem e de tendões, de camadas uterinas. O *corpus* (mais uma conotação religiosa), a parte principal do útero, carregava sua carga frágil, um navio cruzando canais inexplorados. Sal na pele, solução salina nas veias. Aquela gravidez começou a se assemelhar a um afogamento. Meus pulmões eram velas ruins, recusando-se a encher de ar. Murchavam, não inflavam. Os médicos concluíram que o problema podia ser algum dano cardíaco, causado pela quimioterapia que fiz, mas, após vários testes – mais fios e telas e medições –, não encontraram nada muito conclusivo. A única prova de que estive grávida são as fotos semanais que meu marido tirava da minha barriga crescente. Uma protuberância que prosperava em descompasso com a desintegração do meu quadril. Hoje, quando penso nessa segunda gravidez, não me lembro de um momento sequer sem dor ou sem fisioterapia. Sem o desejo de laranjas e de frutas cítricas, sem uma azia me queimando, sem os travesseiros retorcidos para amparar minhas articulações enquanto perseguia o sono. Aqueles meses tiveram que ser suportados, não desfrutados. Nunca prestei tanta atenção ao calendário, aos dias que iam passando, ao relógio.

As dores do parto começaram em um domingo e, como não paravam, dirigimos até o hospital. "Você não está em trabalho de parto", disseram. Já havia sentido as contrações durante a gravidez do meu filho, achei que sabia o suficiente para dizer que estava em trabalho de parto, sim. Por um breve período de tempo, estava de volta à conhecida roda-viva de ter que advogar por mim e pela minha própria saúde. Internada, dividi uma enfermaria com outras cinco mulheres, entre elas uma jovem, talvez no final da adolescência, tão magra, sua barriga era um caldeirão desproporcional. Uma mulher mais velha com vários filhos. Uma jovem letã que falava sem parar ao telefone, um monólogo entediante, do tipo que os motoristas de táxi de Nova Iorque têm via Bluetooth durante uma corrida inteira com alguém do outro lado do mundo.

O dia virou noite e rolei na cama, agarrando os lençóis como um bote salva-vidas. Meu marido chamou uma enfermeira, que novamente insistiu: "Você não está em trabalho de parto". Tentei me distrair pensando: "Como será o seu rosto?".

Conversei com nossa filha entre as contrações: "Estou aqui. Você estará aqui em breve. Mal posso esperar para conhecê-la". Mais tarde, no escuro, as seis máquinas de rastreamento apitam, respondendo umas às outras. Uma mulher é levada para longe, chorando, e eu soube que não haveria sono. Perto da meia-noite, as dores mudaram de marcha. Meu único alívio era andar pelos corredores, agarrada às paredes. Os hospitais são lugares solitários. Apesar do movimento e do barulho ininterruptos, não é difícil sentir-se sozinha. Fica pior à noite, quando os ambulatórios estão fechados e todos os visitantes se foram. Ninguém passou por mim nessas caminhadas cuja trilha sonora eram gritos e gemidos, o clique de monitores e os gotejos, os clarões de telas de celular piscando atrás das cortinas.

"Está tudo bem?"

Uma jovem enfermeira percebeu o caminho que eu traçava no chão, os círculos repetitivos em que estava me movendo. Minha obstetra estava viajando, a quilômetros de Dublin, mas atendeu a chamada e disse que voltaria de carro durante a noite. Ainda faltava um mês para a data da cesárea. Minha filha e meu corpo estavam prestes a se separar. Meus ossos já estavam fartos dessa situação e me pergunto se houve negociações sussurradas. "Será que você poderia sair mais cedo? Não está dando certo." Conhecendo minha filha agora, sua bondade, empatia e prontidão para o que der e vier, sei que ela teria concordado educadamente. Talvez teria até sorrido, antes de se fortalecer e de se lançar ao mundo.

Uma enfermeira administrou uma injeção de esteroides para ajudar a acelerar o crescimento de seus pulmões. Telefonei para meu marido, que estava dormindo, e disse para voltar ao hospital. Mais tarde, em uma maca do lado de fora do bloco cirúrgico, liguei para ele de novo, suspeitando (corretamente) que ele tinha voltado a dormir. "Por favor, agiliza." Ela estava quatro semanas adiantada. Não queria estar sozinha se algo desse errado.

Raquianestesia, camisola de hospital, médicos amontoados na minha metade inferior, por cima do campo de lençóis cirúrgicos. O sentido em que mais podia confiar agora era a audição. Meu corpo estava meio entorpecido, a metade de baixo, meio incomunicável. Não conseguia ver por cima do pano, ou além do enxame da equipe médica, então escutei, como se esperasse os pássaros ao amanhecer.

Fazia esforço para ouvir seu primeiro choro, uma indicação de que ela havia chegado e estava bem.

Quando um bebê nasce por cesariana, é possível ouvi-lo antes de vê-lo. Um par de mãos empurra minha barriga com força, uma sensação que vai e vem. Pressão, puxões, e então ela foi alçada ao mundo, chorando naquele ar cirúrgico. Sua cor gerou preocupação e duas enfermeiras a levaram rapidamente para o outro lado da sala. Ficaram ocupadas com máscaras e tubos e a trouxeram de volta depois de passados o que sinto que foram dias inteiros. Eu estava autorizada a segurá-la por menos de um minuto e, então, ela se foi. Para o andar de cima, um mar de caixas plásticas na unidade neonatal. Passei sua primeira noite no mundo longe dela. Uma enfermeira tirou uma foto e a trouxe para mim, na cama. Como estava entupida de morfina, alternei entre choro e vômito. Cochilei por alguns minutos de cada vez, tive sonhos loucos e narcóticos. Mais tarde, meu marido me levou até o elevador, com uma tigela de plástico no colo para o caso de alguma emergência, algum vômito de última hora. Sob as luzes da incubadora, sua cor mudou. Seus olhos fechados, ela parecia concentrada, refletindo profundamente.

Microquimerismo é algo que pode ocorrer durante a gravidez quando as células de um feto se movem através da placenta, ligando-se às da mãe. Os bebês nascem e deixam um rastro, uma trilha celular. Permanecem, assim, dentro de nós por toda a vida, entocando-se profundamente em nossas medulas. Fico emocionada ao saber que sempre levarei uma parte dos meus filhos dentro de mim. Também sei que nunca mais ficarei grávida novamente. Meu corpo diz "chega!". Minha barriga e útero costurados, como a encadernação de um livro. Um novo selo aparecerá em breve: as juntas levaram uma surra e terão de ser consertadas de alguma forma. Meu corpo está ainda mais longe da coisa intocada que já foi quando eu era uma criança como ela. Ele se deteriora e decai, mas ainda assim me deu essas crianças. Quando visualizo os meses difíceis que tenho pela frente, tendo que barganhar com ortopedistas, olho para o rosto da minha filha. O sangue pulsando leve em seu pescoço e a costura suave de suas pálpebras, bem cerradas ao mundo.

Panóptico: visões do hospital

Há uma grande chance de você ter vindo ao mundo em um hospital, seu primeiro choro ressoando debaixo de luzes fortes. Emergido do mar azul da camisola cirúrgica da sua mãe. Desde o início, sob o olhar médico. Somos medidas e observadas, médicos procurando um sinal que diga "estou aqui, viva, respirando". Punhos como conchas de caracol, cerrados, socando o ar.

★

O casco do hospital ocupa muitos hectares. Em seu interior, a arquitetura incomoda: labirintos brancos, repletos de ângulos retos e agudos, e corredores sem fim. O paciente é um peixinho, navegando por riachos entre o lago da sala de raio X e o reservatório de pacientes ambulatoriais. Atravessando as fronteiras dos cubículos, quartos, enfermarias, corredores.

★

Enquanto trabalhava neste texto, surgiu um problema médico. "Outro?", pensei eu, que nunca me surpreendo com a facilidade e a regularidade com que o corpo pode desandar. Protelei e tomei analgésicos, protelei quando o inchaço não diminuiu; protelei até entender que não dava para ignorar. A clínica-geral me mandou para o pronto-socorro de um hospital-maternidade, aquele onde meus filhos nasceram. Internada, canulada com tons de rosa e roxo (desde quando os tubos médicos passaram a ter versão para meninas?) e tratada por via intravenosa até a cirurgia no dia seguinte. "Alguma chance de você estar grávida?" Uma pergunta obrigatória antes de tratar qualquer mulher. A dor não parava, ficava cada vez pior. Explicar a sensação real é como tentar descrever experiências pessoais como a de ter filhos, apaixonar-se ou viver um luto.

★

O rolar das macas e o grito dos alarmes. "Estou no plantão noturno esta semana." O pisca-pisca das máquinas. Bandejas de comida chacoalhando. "Enfermeeeeeira!" As três notas que o aparelho de pressão arterial toca quando termina a medição. O tinir das campainhas que pacientes usam para chamar a equipe. O rangido de sapatos de borracha. A dobradiça pneumática da porta que abre e fecha como um soprador de brasas. As exalações fantasmagóricas de quem deu seu último suspiro neste lugar. Os hospitais raramente são silenciosos. Em 2013, Brian Eno compôs "77 Million Paintings for Montefiore" [77 milhões de quadros para Montefiore], uma peça musical composta para um hospital em Brighton. Foi, talvez, uma tentativa de combater o zumbido médico, de obliterar a cacofonia daquele espaço. Uma peça gerativa, que mudou e evoluiu ao tocar na recepção do hospital. Em outro andar, também tocava uma peça mais longa, "Quiet Room for Montefiore" [Quarto de repouso para Montefiore], pensada para ter uma função curativa, ou para substituir a trilha sonora padrão de hospitais: movimento, máquinas de venda automática, visitantes, o som do sofrimento alheio.

★

Em uma sala do último andar, algo bate de forma consistente e esparsa. Suponho que sejam pássaros. "Esse é O pássaro", explica a enfermeira. "Um pássaro falso preso em uma corda para espantar os outros pássaros." Eternamente planando, suas asas de fibra de carbono ricocheteando no telhado. Tento identificar o ritmo de cada pouso toda vez que o vento diminui.

★

O ar-condicionado passa despercebido semanas a fio. Até que surge como zumbido e seu chocalhar se torna o oposto de uma música pegajosa. Enfermeiras e faxineiras me dizem que não conseguem ouvi-lo, mas ele troveja todas as noites. O coração delator sob as tábuas do assoalho, a mulher dentro do papel de parede amarelo.

★

"Escutaram?", o hematologista se dirige aos estudantes de medicina que se fecham ao redor do meu leito, uma cerca de ripas de jalecos brancos. "O som do coágulo é como uma porta que range", diz.
Quando saem, tento ouvir as dobradiças.

★

Hospitais não são tão diferentes de galerias: são espaços interativos, uma imensa instalação de som e de cor, provocando emoções e engajando os sentidos. A arte nas paredes aqui mistura modernidade e santinhos antigos. Telas compradas pelo governo ao lado de Sagrados Corações e estátuas religiosas. No corredor mais longo, a coluna vertebral do hospital, pinturas pretas penduradas em intervalos regulares. Abstratas, em nanquim, sua forma e significado obscuros. Olhava para baixo sempre que passava por elas. "Meio deprimentes, né?", disse o atendente que empurrava minha cadeira de rodas.

★

Depois da internação de sua filha em um hospital ortopédico na década de 1940, a artista britânica Barbara Hepworth conheceu o cirurgião Norman Capener. Hepworth era mais conhecida como escultora, mas Capener a convidou para esboçar e desenhar cirurgias por um período de dois anos. Em tinta, giz e lápis, Hepworth captou não a sanguinolência e o aspecto invasivo, mas o trabalho de recuperação do corpo, da intervenção cirúrgica. Hepworth notou as semelhanças das duas carreiras:

> Parece-me que há uma afinidade muito estreita entre o trabalho e a abordagem da medicina e da cirurgia com os da pintura e da escultura. Em ambas as profissões temos uma vocação e não podemos fugir de suas consequências. Na profissão médica, em geral, procura-se restaurar e manter a beleza e a graça da mente e do corpo humano; e, parece-me, qualquer que seja a doença que veja diante de si, o médico nunca perde de vista o ideal, ou o estado de perfeição, da mente, do corpo e do espírito humano, em cuja direção trabalha.

★

Um novo dia, um novo cubículo: a mulher no leito ao lado conspirava em seu telefone. "Minha urina estava limpa."
"TE FALEI!"

★

Cortinas não são portas. Consultas confidenciais pairam no ar, um murmúrio de palavras médicas. Uma revoada de andorinhas em números e porcentagens. Alguém do outro lado falando russo – médica ou paciente? "*Spasíbo*", sussurra. "Obrigada."

★

Apareceu na internet um editorial de um médico falando sobre o problema de superlotação nos prontos-socorros irlandeses. Os hospitais estavam funcionando acima da capacidade porque os pacientes foram "decantados" para as unidades de pronto-atendimento. A escolha da palavra é pouco comum: pacientes comparados a vinhos finos, seus corpos filtrados para dentro das garrafas de cristal lapidado dos serviços de emergência.

★

No hospital-maternidade, a equipe de enfermagem, majoritariamente filipina e irlandesa, é atenciosa e gentil. Recebem consideravelmente menos que os médicos. "Por que há tantos ginecologistas homens?", pergunto. "É a área mais bem paga da medicina aqui, então... dinheiro."

★

Se, como afirma Le Corbusier, uma "casa é uma máquina de viver", o que é um hospital? Uma máquina de outro tipo, talvez, mas que não contém nada de doméstico. Um extenso armazém tecnológico, temporariamente abrigando pessoas, mas desprovido da familiaridade do lar. É um panóptico, onde há pouca privacidade, com pacientes sempre visíveis de alguma forma, embora nem sempre, de fato, vistos. O hospital é um lugar de quarentena necessária, onde se abdica do controle. Há riscos lá dentro. De não acordar após a anestesia, de infecções, de esbarrar com bactérias MRSA, as chuvas de germes quando os visitantes espirram sem lenço. As conversas excessivamente solícitas de estranhos na cama ao lado.

★

O ar. Pois bem, vamos falar do ar. A coagulação dos cheiros. De outras pessoas, de produtos de limpeza, de comida sem muito sabor, sendo requentada ao longe. Os resíduos metálicos e cirúrgicos de algo que está desaparecendo. Vômito. "Inspire." Álcool em gel para as mãos. "Respire." Desinfetante. "Expire."
    (Meio demais? A paciente não dourou a pílula.)

★

Michel Foucault escreve em O *nascimento da clínica*: "Para a medicina classificatória, o fato de atingir um órgão não é absolutamente necessário para definir uma doença" (trad. Roberto Machado). Sem a radiografia, não temos como ver um osso trincado; sem a ultrassonografia, não conseguimos ver um feto de poucas semanas; sem a ressonância, deixamos de ver as lesões. Os médicos procuram sinais nos leitos das unhas e no branco dos olhos. A doença e a dor não precisam de manifestação física para ser reais.

★

O anestesista uzbeque do hospital-maternidade fez perguntas pré-cirúrgicas e, então, revisei meu complicado histórico médico. No bloco cirúrgico, esperando a raquianestesia fazer efeito, ele me falou de seu país. É "muito corrupto" e os médicos recebem 200 euros por mês. Para prosperar, têm que aceitar suborno, algo que ele se recusou a fazer. "Emigrei porque acho que não se deve misturar medicina e dinheiro."

★

Aquele local de suturas, incisões e cirurgias é chamado de "teatro" em inglês. Nada de cortinas pesadas de veludo, apenas aquelas do tipo descartável, azuis ou verdes. O palco é uma mesa, uma eciclema grega. Todos os atores têm papéis ativos, exceto o paciente, passivo. São desenhadas linhas no corpo para guiar o cirurgião, uma *commedia dell'arte* rudimentar.

★

Os hospitais são um domínio de ruas e linhas mapeadas. Sua psicogeografia repleta de cada corpo que passou por eles. Quantas pessoas já dormiram nesta cama? Uma coalizão de enfermarias, uma confederação de doentes. Quem quer que se apresente para atendimento, cura ou exame deve aceitar o papel de paciente, o que o obriga a abrir mão de algo: liberdade/livre arbítrio/livre circulação.

★

Viva a própria geografia do corpo, o que Foucault chama de "atlas anatômico". Tendões de latitude, veias de longitude. Um terreno texturizado: a casca macia da pele, a corda dos cabelos, a lixa dos pelos raspados.

★

Os médicos substituíram o clero como curandeiros, mas medicina e religião permanecem fortemente entrelaçadas na Irlanda. Hospitais e enfermarias levam nomes de santos. Ética e doutrina estão atadas de forma comprometedora neste "país católico", que faltou com Savita Halappanavar. Quantas vidas foram perdidas, quantos atendimentos foram negados por causa da intrusão da religião no reino do corpo?

★

Talvez esta não seja propriamente uma guerra, mas há sempre dois lados. Benigno e maligno; médicos e pacientes; funcionários e visitantes. Susan Sontag escreveu sobre os reinos distintos dos sãos e dos doentes; um passaporte é carimbado, o outro tem seus cantos cortados. A doença nos dá permissão para largar tudo – empregos, compromissos, o emaranhado de repetição que é a vida cotidiana –, mas o preço é alto. O hospital exige que façamos as malas, mas não há passagens. Em vez de areias brancas e água azul-turquesa, há retângulos de cobertores; leitos em vez de espreguiçadeiras.

★

O paciente não é uma pessoa.
    O paciente é uma versão medicalizada de si mesmo.
    O paciente é o duplo hospitalizado do corpo.
    Tornar-se paciente é um ato de transmutação, de são a doente, de cidadão livre a enfermo internado.

★

Existem centenas de maneiras de quebrar uma perna; não há dois diagnósticos de câncer de mama com a mesma topografia. O meu câncer não é o seu câncer; minhas fraturas não são as suas. A doença, apesar de sua classificação e linguagem próprias, é tão única para cada paciente quanto suas impressões digitais. Não é algo genérico:

a doença resiste à homogeneidade. Não se trata apenas de biologia, há intersecções de gênero, política, raça, condição econômica, classe, sexualidade e toda sorte de circunstâncias.

★

Perguntas/primeiras cartadas:
"O que há de errado com você?" Doença é igual a erro.
"Onde dói?" Um pedido de especificidade.
"Você tem plano de saúde?" Investigação capitalista.
A interação médico-paciente é um diálogo, uma conversa ou um interrogatório? É um encontro em triplicata: verbal, tátil, textual. O texto deixa um legado e tem uma permanência, ao contrário da fala ou do toque. Nossa narrativa médica está contida na prancheta pendurada ao pé do leito, ou na pasta de papelão colorido. Repetimos nossa história a vários médicos e o arquivo incha em caligrafias diferentes, um texto colaborativo, um novelo de diagnósticos.

★

Hospital trunca a consciência. O tempo opera em um nível diferente. As refeições aparecem aleatoriamente, fora dos marcos habituais do dia. O pensamento torna-se cíclico, à espera da próxima dose de medicamentos, da próxima corrida de leito, da hora das visitas. O relógio se arrasta pela noite; som e luz são interrompidos. A conversa torna-se rarefeita, reduzida a um punhado de haicais entre tomadas de temperatura.

★

"Infarto." "Evolução." "Piréxico." Aprendi a língua deles roendo os ossinhos de sua sintaxe. "Marsupialização." A parte mais importante dessa interação não é ouvir, mas perguntar. "Anestesia geral ou raqui?" Porque faço perguntas frequentes sobre minha saúde usando as palavras médicas do meu próprio histórico, médicos presumem que sou um deles. A implicação disso é outra: que a paciente que se ocupa da própria saúde tem uma motivação transgressora. Ser curiosa, ou possuir tal conhecimento, não é seu lugar. Minha assimilação da linguagem médica – de inverter o ato da interrogação – sempre foi uma tentativa de afirmar minha autonomia; de me agarrar a uma pequena parte do meu histórico médico, da minha história.

★

Antes dos pijamas azul-claros, enfermeiras usavam vestidos brancos com relógios de cabeça para baixo. Toucas engomadas com faixas coloridas, que eram uma declaração de autoridade e de hierarquia. Azul, verde, vermelho; mas preto para enfermeiras contratadas. Uma banda fúnebre como se estivessem de luto. A paleta hospitalar é infinita. Quadrados em cores primárias e pastéis na cartela do exame de urina. Cetonas rosas, proteínas verdes, bilirrubina bege. Na clínica de flebotomia, filas de tubos de ensaio fálicos com tampas vaginais: hermafroditas e codificados por cores. Portas brancas para equipamentos elétricos, saídas de emergência verdes, símbolos de risco biológico como abelhas, em preto e amarelo. A linha vermelha no chão que leva ao laboratório de exames cardíacos. Uma artéria de fita adesiva escarlate, a estrada de tijolos que Dorothy não tomou em Oz. Faltam partes da fita, a linha interrompida de uma margem.

★

A saída nunca está por perto. Mas pelo menos é temporário: como um cateter, um ponto falso, o gesso cobrindo um osso.

★

A ala cardíaca tem cortinas azuis, plissadas e escuras. Tento encontrar a palavra para seu tom específico e me contento com "azul Yves Klein": um azul cuja invenção foi surpreendentemente recente, dada a longevidade das coisas eternamente azuis – céu, mar, olhos. O tom combina com a camisola pálida que a enfermeira me instruiu a usar. "Coloque-a de modo que se abra para a frente" (pausa) "como um casaco". Sua voz é prática e profissional, mas também há uma gentileza, quase imperceptível. Pacientes estão sempre sintonizados com esses pequenos gestos, tão importantes. Especialmente na última década, os protocolos hospitalares passaram a incorporar mudanças perceptíveis em direção à empatia, incluindo a criação da hashtag #HelloMyNameIs [Olá, meu nome é] para estimular profissionais a se apresentar a pacientes. Um direcionamento à atenção mais centrada em pacientes, reconhecendo que o corpo no leito não é apenas um diagnóstico ou um número do hospital, mas uma pessoa real, com seus medos.

★

Depois de dois dias, saí do hospital-maternidade e voltei para este texto. A vida e a escrita foram brevemente interrompidas pelo corpo saindo dos trilhos. Depois da alta, tirei uma foto do leito do hospital, que foi exposta ao lado destas palavras na parede de uma galeria dali a uma semana. A luz do entardecer fez com que os lençóis da cama parecessem picos nevados, a cortina azul parecia um céu manchado de tinta. Como em qualquer fotografia, não há nenhum som, nada do caos que sei que está à espreita do lado de lá da cortina. É uma cena quase pacífica, que lembra o tipo de sossego só vivenciado nas alturas. A composição e as cores foram um tipo inesperado de calma e, naquele momento, tão raro em um lugar assim, senti que tudo ficaria bem.

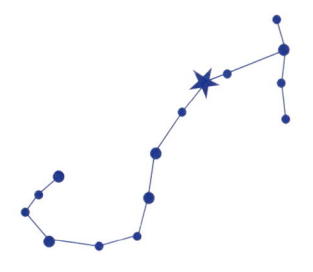

As luas da maternidade

I

Eles chegam à noite, meus bebês. Pulsando no escuro, entrando no mundo quando a lua está no meio do céu: lua nova quando meu filho nasceu, lua crescente para minha filha. Após aquela primeira noite em que minha filha e eu ficamos separadas, passei a segunda noite tentando alimentá-la. Os resultados das eleições estadunidenses saíram e a luz intermitente da TV na parede nos fez companhia. Do outro lado do oceano, havia esperança. Alguns estados se revelaram azuis e Barack Obama estava prestes a ser eleito. Em nosso pequeno quarto, só conseguia olhar para minha nova filha. Cada uma de suas moléculas estava repleta de possibilidades e, naquela noite, o mundo também.

    Durante as longas noites e as tardes barulhentas no hospital, comecei a descobrir coisas sobre ela. Que não gostava de banho, que adormecia mais facilmente que o irmão e que comia muito pouco de cada vez. Sua barriguinha só aguentava quantidades minúsculas e, embora a ingestão fosse consistente, nos primeiros dias, ela quase morreu engasgada. Para conseguir ter alta, uma enfermeira insistia que a bebê deveria demonstrar ser capaz de ingerir uma certa quantidade. Argumentei que o apetite da minha filha aumentava de pouco em pouco, expliquei que ela nasceu prematura e que ficou na UTI, enquanto a enfermeira enfiava o bico de silicone da mamadeira em sua boca.

A vírgula de seu corpo se desenrolou, sua pele escureceu e ela ficou mole. A enfermeira a arrancou de mim e a segurou de cabeça para baixo. Com minha filha pendurada como um morcego, ela bateu em suas costas, dando ordens. Assisti aterrorizada, presa a uma cadeira. O som daquelas pancadas, seu corpo ficando roxo, a sensação de que, depois de tudo o que nós duas passamos para estar aqui, ela está se esvaindo. Dolorida, em pânico, com medo de me mexer, é como se estivesse assistindo à vida de outra pessoa, não a minha. Levou um minuto – muitos segundos – antes que ela conseguisse chorar e eu tomasse de volta da enfermeira. A bebê e eu estávamos chateadas, a enfermeira, alheia. "Podem ir para casa agora." E o medo, que conheço tão bem quanto a noite, insinuou-se: a confiança implícita que depositamos no mundo médico é infundada.

Minhas experiências em hospitais foram boas e ruins, e com o parto não é diferente. Ambos foram hospitalares e invasivos, tinham mais pontos em comum com outros procedimentos cirúrgicos do que com piscinas de parto e respiração cronometrada. Eu queria partos naturais, mas meus quadris fundidos tornavam essa uma opção perigosa. Não deixaram de ser partos e não me senti menos mãe por isso. São só as outras pessoas que nos fazem sentir assim.

Com a segunda filha – mesmo que pequena e prematura –, a equipe presume que a mãe sabe o que fazer. Que você é uma matriarca profissional que sabe exatamente como proceder. Mães de segunda viagem são consideradas sábias como monjas. No entanto, senti como se estivesse começando tudo de novo; que essa bebê era minha primeira, embora, em outro lugar da cidade, meu filho de dezesseis meses estivesse sonhando. Recebemos alta naquela noite, mais seguras em casa do que no barulho da maternidade agitada. A lembrança dela suspensa por uma perna nunca se apagou. Me arrepio até hoje. É absolutamente necessário substituir aquela imagem por outra coisa: Tétis segurando Aquiles para banhá-lo no rio Stix. Talvez esse ato, esse primeiro encontro com o trauma, a tenha tornado imortal, inviolável. "Ela será invencível", penso.

Depois do nascimento do meu filho, tive que usar uma seringa para injetar heparina, um tipo de anticoagulante, durante seis semanas. Todos os dias, com o indicador e o polegar, eu puxava a pele da minha barriga, inclinava a agulha e me espetava. Era melhor ir rápido para aliviar a dor. A heparina é considerada "relativamente" segura após a gravidez, pois suas moléculas grandes não passam para o leite materno. Centenas de drogas passaram pelo meu corpo, muitas delas altamente tóxicas. Repasso tudo isso mentalmente, o motivo da minha hesitação em amamentar. Me preocupa que colocar qualquer coisa em meu corpo possa mudá-lo, contaminá-lo. Um possível efeito colateral é a TIH, trombocitopenia induzida por heparina, uma síndrome grave que pode causar derrame ou ataque cardíaco. Em alguns casos, amputações.

Minha apreensão não me parece equivocada, mas não consigo decidir. Tento conversar com uma enfermeira, que responde com uma bronca. "Você vai se arrepender se não o amamentar, vai perder esse vínculo." Eu não tinha previsto esse desejo de minar as mulheres logo depois de terem carregado outra pessoa por nove meses, tendo-as expulsado num processo que pode ser descrito como um penoso gesto de atrição, senão de contrição. Mesmo assim, é muito fácil criticá-las. Você deu à luz, mas não foi parto normal; você deu à luz, mas te deram uma raquianestesia; você deu à luz e agora não está amamentando? A tranquilidade com que as mulheres são repreendidas não surpreende. A soma de todos os nossos imensos esforços nunca é suficiente, e gente que nada sabe de nossas vidas parece ansiosa para nos lembrar dessa insuficiência. Fazem isso, obviamente, por meio do truque oratório mais passivo-agressivo de todos: a falsa preocupação.

    Dois dias depois de voltar para casa, estava de volta ao hospital com uma infecção no útero. Não vinha conseguindo comer e o ultrassonografista comentou como meu estômago parecia vazio no exame. Tive que usar meias de compressão, que exigiam um esforço hercúleo para calçar, apertando-me e deixando marcas quadriculadas na pele. As meias e a heparina estavam controlando meu sangue. Mas com essa nova pessoa em meus braços, tudo girava em torno da vida. Não havia espaço para pensar na morte.

    Em uma manhã escura, meu filho estava inquieto e as lembranças de minha doença voltaram. Havia meu marido, meus pais e meus irmãos, mas só eu dei-lhe à luz. Antes de ser mãe, se eu ficasse doente apenas meu corpo iria embora. Agora, ali estava ele, totalmente dependente de mim, e minha morte não seria mais o tipo de incidente isolado que um dia já foi. Morrer significaria me separar dessa pessoa de apenas alguns dias e, naquelas primeiras semanas, quando meu cérebro ficava entorpecido pelo sono e disparava em tantas direções, pensava nisso. O horror que seria deixar aquela criança, sem a qual mal queria sair do quarto. Comecei a imaginar que, se eu morresse enquanto meu filho tivesse seis meses, ou mesmo um ano, dois ou três, ele sequer me conheceria. Meu marido mostraria fotos. Eu faria vídeos com o iPhone ou escreveria cartas para ser abertas em datas significativas.

    Toda vez que faço um check-up, essa sensação volta. A maternidade reforça minha mortalidade. Não tenho permissão para morrer, não enquanto meus filhos são pequenos, nem nunca. Não posso fazer isso com eles.

    No hospital, minha mãe segurou meu filho recém-nascido todo enroladinho e me disse: "Agora você vai saber".

    Agora eu finalmente entenderia o que ela queria dizer.

    "O quê?"

Que tudo levava àquele momento. Que nenhuma responsabilidade na vida era mais importante. Que eu entenderia tudo o que meus pais passaram.

"Agora, você nunca vai parar de se preocupar. Pelo resto de sua vida, você sempre estará preocupada com ele."

Foi um momento compartilhado, a passagem de uma tocha de uma geração à outra, mas me pareceu também uma ameaça. Seria isso a maternagem? Que cada segundo de alegria seria atomicamente fundido com o medo? Trazer novas pessoas ao mundo é apresentá-las a todo medo e peleja, a toda mágoa e horror que podem tomá-las. Um dia, vão perceber que elas próprias e todos que amam morrerão, para então buscarem coisas boas: alegria, pessoas que as façam rir, canções. Naqueles primeiros dias, conseguia acalmar sua insônia embalando-os, mas também cantando para eles. Sussurrando refrãos e rimas em seus ouvidos, espalhando notas por sua pele.

Estávamos juntas, cada criança e eu. Inexperientes, tateando as paredes às cegas, ao longo de um corredor ancestral. Esperava encontrar armadilhas, flechas envenenadas, uma pedra gigante rolando em minha direção. Assim como há um antes e um depois da doença, a mesma coisa acontece com filhos. Durante a gravidez, as pessoas proclamavam alegremente: "Aproveite para dormir agora! Você nunca mais terá uma noite inteira para descansar!". Muitas vezes esses arautos não tinham filhos, mas, mesmo assim, falavam com a convicção de quem tinha perambulado por centenas de noites com uma criança que não dorme. A experiência, como um todo, é como estar à deriva no mar. A incerteza, a insônia, a desorientação, um ritmo ao mesmo tempo constante e imprevisível.

Você não precisa da história toda. A história de cada bebê, crescendo, passando de recém-nascido a criança. Você não precisa ver a limpeza de fraldas e de mamadeiras; ou as prisões de ventre, a água com açúcar e figos quando o pequeno balão de sua barriga se expande; ou o jeito de desmontar um carrinho; a amamentação noturna e a dentição. Ou que meu filho nunca, jamais tirava uma soneca e que, então, eu saía dirigindo sem rumo, esperando que o balanço do motor o acalmasse; que ele resistia ao bebê-conforto como se fosse um caixão. A cara vermelha e a baba de quando os dentinhos despontam. A vez que me afastei por um segundo e minha filha caiu da cama. O algodão macio de seus torsos subindo e descendo, e eu checando à noite para ver se ainda estavam respirando. Toda a parafernália e os equipamentos, também conhecidos como "a tralha": cadeirinhas, berços de viagem e esterilizadores. Todo aquele plástico com cantos acolchoados. Toda aquela segurança e, apesar disso, a sensação de que toda proteção é insuficiente.

Nas primeiras semanas, o tempo se dobra, esconde-se dentro de si. Vive-se, na maternidade, um novo sentido do tempo. Estar em casa com um bebê é, ao mesmo tempo, estar parada e sem parar um segundo. Os dias são longos e curtos, intermináveis e indistintos, mas sempre há algo a fazer, mesmo quando eles tiram uma soneca. Numa bolha, não saí muito de casa, nem dormi, porque enquanto meu marido trabalhava era só eu e o bebê, o bebê e eu. Era a nossa caverna. O relógio aparecia apenas para indicar mamadas e cochilos. Nunca conseguia me vestir, embora virasse uma colcha de retalhos de golfadas e manchas de leite. As suturas ardiam. Os livros – dos quais todas zombam, mas leem com atenção – dizem que as mães conhecem intuitivamente a linguagem de seus bebês, que aprendem o que significa cada choro. A lista é curta: fome, cansaço, fralda cheia ou gases. A previsão do tempo do recém-nascido. Meteorologista é outra função que assumi; tradutora também. Não do tipo que se senta na ONU, em cabines, mas subindo as escadas e andando pelas salas, embalando um bebê. Tentando decifrar as mensagens do meu filho, o que ele está tentando me comunicar. Código Morse, esse choro de bebê. Tentava interpretar: por que ele arqueava as costas, por que não dormia, por que fixava seus olhos azulíssimos nos meus verdes. "O que você está pensando, neném?"

Saber ser mãe e pai não é algo que acontece de repente, e cada um de nós cresce sendo mãe e pai em diferentes graus. As regras mudam, não há duas crianças iguais e ninguém sabe, de verdade, o que está fazendo. A parentalidade é cumulativa, um aglomerado de fragmentos de informação, feixes de gravetos para construir uma casa... (Todo o mundo lá fora é o lobo mau, se formos esticar essa metáfora.)

Embora sejam minúsculas máquinas de carne rosada a dormir, expelir fluidos e chorar, são também astutas. Sei que ele me conhece, que sabe que ficamos amontoados juntos por nove meses, nossos corpos se tocando. Ele sabe que sou sua mãe. Ele segue minha voz quando ando pelo quarto, da mesma forma que um animal responde aos sons da noite. Ele absorve tudo ao seu redor, observando exemplos de como ser humano. Enquanto a mente dele se expande, a minha se contrai. Meu cérebro parece estar constantemente tentando escapar por uma porta secreta em meu crânio.

Algo acontece com a memória. Até hoje me pergunto: foi depois do nascimento dele ou dela que X aconteceu, ou Y aconteceu? No passado, quando consegui outras coisas significativas – um carro, uma casa, empregos –, a experiência era vividamente lembrada, todos os eventos de ambos os lados do *momento*. Passaram-se os primeiros meses da maternidade e havia visitas domiciliares de enfermeiras, vacinações em clínicas, a primeira vez saindo de casa, carregando "a tralha", apavorada. Nesta lembrança, há poucos detalhes. Nada sobre datas, exceto o que o calendário devidamente registra. Uma nova fase vivida sob uma ditadura, um minúsculo autocrata benigno que governa tudo. À noite, ouvindo-o engolir o leite mamado, imaginava tanques invadindo nossa rua.

As crianças alternam, de forma errática, uma dependência maciça com ataques surpresa de autonomia. Elas não sabem de nada, e sabem de tudo. Admiro-me com a sua pequenez, que contém tanto. Órgãos e ossos em miniatura. Um dia, um desvio do olhar, e lá estão elas: expressando preferências e oferecendo opiniões. O tempo se transformou: a aceleração acidental do iTunes que transforma a voz de cantores em personagens de desenhos animados, com suas vozes fininhas. Passei de cortar lasquinhas de unhas de bebê para que não se arranhem a observar as mesmas mãos carregando uma mochila pesada demais, atravessando o cimento do pátio da escola. Os sentimentos se fundiam: tristeza misturada com alívio por estarem nesse ponto sem que se quebrassem. De volta à casa: uma casa que estava desoladamente vazia. Mas aquele silêncio – "Oh, o silêncio!" – significa trabalho, e palavras. Aprendi a fazer coexistirem a mãe e a trabalhadora, a mãe e a escritora. Alguém que consegue se aprofundar nas palavras e, assim que for preciso, fechar o laptop ou abaixar a caneta, convocada para o berço, o jardim, a escola.

II

O problema da maternagem é que raramente ela é separada da maternidade. Para as mães, trata-se de mais do que o estado de ser mãe, vai além da gestação de nove meses e do desenlace do nascimento. O nascimento é apenas o começo de um compromisso eterno com as exigências da criação. Depois do peito ou da mamadeira, depois de se aninhar no novo sulco aberto por algo que saiu de dentro de nós, vem a responsabilidade.

A vida das mulheres muitas vezes é implacavelmente direcionada para a criação de filhos. Historicamente, a fertilidade era tão valiosa quanto a riqueza. Ser estéril era só um pouco menos excludente, do ponto de vista social, do que ser uma solteirona. Até hoje, persiste a ideia anacrônica de que uma mulher não é totalmente mulher até se tornar mãe. Esse é mais um raio da roda de tortura do patriarcado, que condena tanto uma quanto a outra. A personalidade antecede a maternidade. Um indivíduo existe muito antes de ter filhos. Talvez seja por essa razão que me causa um certo espanto quando outras mulheres, que por acaso são mães, dizem: "Como mãe". Como mãe... o quê? Gerar dois bebês em meu útero não trouxe consigo os níveis de sabedoria de Salomão. Posso dizer que agora sou menos sábia do que era antes de ter filhos. Minhas arestas foram ligeiramente lixadas, junto com um pouco da minha liberdade. Por outro lado, fui melhorando com o tempo, aquela coisa que se transformou e mudou como um monstro de filme de terror com a chegada deles. Ser você mesma, a pessoa que você era antes de se tornar mãe, é uma continuação fácil e difícil de transmitir. Em algum lugar, há uma recalibração.

Pressione *pause* para parar o tempo (eu, sempre).

Pause para pressionar a pele (eu, no escuro com você).

O conflito entre mãe e indivídua, mãe e trabalhadora, mãe e escritora tornou-se rapidamente evidente. A vida profissional de freelancer foi retomada oito semanas depois que meu filho nasceu, por uma necessidade financeira. Enquanto ele dormia – uma raridade – eu escrevia freneticamente críticas de álbuns de música com até 150 palavras, que era o limite do que eu conseguia pedir ao meu cérebro. Tentando desesperadamente me lembrar de palavras para descrever guitarras e refrões. Eu ainda não era escritora, o que aliviou a responsabilidade sobre meus ombros. Não é que estou reconhecendo termos banalizados como *baby brain* ou "desmemória de mãe", mas uma sensação de que tinha perdido as palavras. Que teria sido impossível reunir milhares delas, o suficiente para um livro. Impossível moldá-las, trocá-las e organizá-las em algo que fosse coerente.

Personalidade, parentalidade. As palavras confluem. Os primeiros anos imersivos se estabelecem e, então, o eu se afasta pouco a pouco, ano após ano. Certo outono, quando os dois estavam na escola, sentei-me a uma escrivaninha antiga, olhando as faias e o cinza-escuro de um lago. O turno do fim de tarde. Estava encafuada em uma residência de artistas que fica em um lugar remoto e longe da costa, a duas horas de casa. Me inscrevi e fui aceita, pela primeira vez, dois anos antes, mas não tinha conseguido vir. Agora, tento colocar uma palavra diante da outra, enquanto olho para um lago. Encarando a lombeira das três da tarde, ressurge do nada a pergunta.

"Mas e seus *filhos*?"

Feita de forma casual, é claro, quando expliquei que queria viajar para escrever. Agora amplificada: eu não apenas havia abandonado meus filhos, mas estava aqui, no interior da Irlanda, *me achando* escritora. Todos os impulsos criativos foram instantaneamente substituídos pela culpa materna. Que audácia a minha, ter vindo assim sozinha. Além disso, o adicional da sugestão de que meu marido seria incapaz de cuidar de nossos filhos por conta própria por alguns poucos dias.

Essa indagação, como bem sabemos, é baseada em várias suposições sobre os gêneros: que as mulheres são as principais cuidadoras e que quem escreve (na verdade, o escritor homem) precisa de um espaço inegociável para escrever seus grandes e importantes livros. Nos festivais de arte, moderadores perguntam às escritoras, sem um pingo de reflexão, sobre o "malabarismo", enquanto os autores, com ar sério, olham para o nada. Nos mesmos painéis, em bibliotecas, tendas e auditórios, ninguém se volta para os escritores para perguntar sobre os cuidados com filhos, ou sobre esposas e parceiras que se encarregam deles para facilitar a escrita.

Toda noite, durante a residência, participantes – pessoas que escrevem, compõem, fazem arte – sentavam-se para jantar. Alguém observou que apenas as mulheres falavam sobre seus filhos e sobre os parceiros que as apoiavam, segurando a barra. Uma artista admitiu que encheu o freezer com jantares pré-preparados para que o marido não tivesse que fazer a própria comida. Apenas as mulheres ao redor da mesa debatiam o conflito entre tentar achar tempo para criar e para cumprir as obrigações parentais. Cada uma de nós estava encantada por estar lá, sem exigências ou expectativas. Por poder desligar a chave de mãe e ligar a chave da escritora. Havia também um afável poeta fugindo de seu emprego formal, que disse que sempre dormia direto nos primeiros dois dias de sua chegada àquele lugar. Eu estaria lá por cinco dias. Cada segundo era essencial. Não podia me dar ao luxo de dois dias de sono em vez de palavras.

    Ter tanto tempo e espaço era novidade para mim. Não estou acostumada a escrever por nove horas e minha concentração despenca com certa regularidade. Em uma dessas valetas, li o ensaio de Zadie Smith, "Find Your Beach" [Encontre sua praia], uma reflexão sobre a vida na cidade, em que ela também explora a sobreposição de seus papéis de mãe e escritora: "Meus filhos queridos que comem todo o meu tempo, os livros não lidos e não escritos". Eu li "F for Phone" [F de fone] na revista *Winter Papers*, em que Claire Kilroy escreve que a maternidade transformou sua vida em "alguns anos raivosos": "Escrever costumava ser a resposta para todos os meus problemas (...) mas agora não consigo mais escrever". Todo mundo que escreve e tem filhos consegue enxergar-se nessas histórias viscerais de criatividade e prioridades. O anseio por espaço mental em vez de brincadeiras e a culpa por isso. A escritora protagonista do romance *Dept of Speculation* [Depto. de especulação], de Jenny Offill, encontra-se dividida entre o desejo de ser "um monstro da arte" e seu papel de mãe. Quando esbarra com um editor conhecido, ele diz casualmente que deve ter perdido a publicação do segundo livro da personagem. Quando a escritora explica que não há um segundo livro, ele pergunta gentilmente: "Aconteceu alguma coisa?". "Sim", ela diz com firmeza, minimizando o fato de que sua escrita fora marginalizada pelo ciclo contínuo da maternidade.

    Não é preciso ser escritora para se enxergar nessas situações. As palavras de Offill ressoam em quem tem filhos – quem viaja longe para o trabalho todos os dias e quem fica em casa cuidando da família; quem está em fábricas ou em escritórios, em escolas, em lojas ou em laboratórios. "Eu também me sinto assim", dizemos. "Esta é minha vida."

    Virginia Woolf, mesmo mais distante do trabalho e da labuta da vida cotidiana, fez gerações de escritoras pensarem que têm direito a um quarto só seu. Em casa, minha mesa fica em uma sala cheia de livros, lidos e não lidos, que ficam ao lado do Lego e de outros brinquedos diversos. Nossas vidas se empurram uma à outra. Centenas das frases neste livro foram escritas enquanto meus filhos entravam para conversar ou dedurar o outro. Suas vozes ecoam por toda a casa e é impossível não sintonizar nelas. Consigo manter a concentração, mas o canto da minha filha me alcança, assim como as conversas que meu filho tem com o cachorro, numa voz que guarda só para aquela criatura. Ainda assim, volto a procurar palavras e a encaixá-las umas nas outras. Começo a ver a forma do que estou tentando construir, palavra por palavra.

III

Na cozinha, minha filha dança ao som de uma música. Mais tarde, no chuveiro, sua voz desce escada abaixo, imitando a St. Vincent, a Adele ou um elenco rotativo de cantoras adolescentes. As diversas trilhas sonoras de videogames da FIFA trouxeram para a vida do meu filho Major Lazer e Tune-Yards, um bônus para mim. Juntos, eles assistem à contagem regressiva das listas mais tocadas na TV, discordando em suas previsões para a música número 1. Pedem para levá-los a festivais de música para os quais são jovens demais. A vida deles é cheia de música, mas isso começou há muito tempo. Há pessoas cujas memórias são invocadas por cheiros ou imagens, mas é a música que sempre realiza algum tipo de alquimia, ou arqueologia, em meu cérebro.

Recentemente, ouvi "Dy-Na-Mi-Tee", de Ms. Dynamite, novamente e revivi um dia de novembro, quando ela estava tocando no rádio do carro. Eu tinha acabado de ficar grávida e meu marido estava nos levando para o primeiro ultrassom de nosso filho. No banco do passageiro, as lágrimas brotaram e me pegaram desprevenida. Chorei principalmente por medo de ouvir que mais uma vez meu corpo não estaria à altura da tarefa, emboscado por algo ruim e inesperado. Na penumbra da sala da médica (nunca ficamos mais vulneráveis do que quando estamos deitadas), estava pronta para receber notícias terríveis. Mas lá estava ele, rodando corajosamente na tela como um trapezista. Meses depois, dentro da minha barriga, ele deu cambalhotas em um show da Joanna Newsom, assim como sua irmã o faria, um ano depois, durante o show do Kraftwerk (o fato de ela estar "lá", e ele não, ainda é fonte de brigas). Toda vez que ouço aquela música da Ms. Dynamite, penso nele, naquele exame aterrorizante e em como – depois de tantos anos com problemas de saúde – o queríamos tanto.

Quando finalmente o conhecemos, ele era um pequeno insone. Toquei músicas para acalmá-lo – Amiina, Sigur Rós –, remando com seu carrinho para frente e para trás, como um barquinho nas ondas. Ele e a irmã cresceram como mato, passando por suas diversas fases musicais, captadas por osmose: The Ramones, Beyoncé, Vampire Weekend, muito hip hop, Kendrick Lamar. Meu coração explodiu no dia em que meu filho pediu para ouvir "Wuthering Heights" sem parar. Agora, mais velhos, estão encontrando seus próprios gostos musicais. Descobrindo as batidas que tocam suas almas, as harmonias que os atravessam, os ritmos que batucam enquanto passam fio dental.

Novos marcos aparecem com uma frequência alarmante. Toda vez que algo novo surge – altura, palavras desconhecidas, o descarte de brinquedos antes amados e que agora são "de bebê" – é como uma pequena perda. Meu filho foi sozinho pela primeira vez a uma loja recentemente e, com isso, tive outra premonição de que um dia vai existir sozinho no mundo. Sempre que essas mudanças, rápidas como um trem-bala, acontecem, me parece que tudo está ficando velozmente no passado. Que terei que deixá-los ir um pouco mais longe de mim a cada ano que passa. Que minha proteção é finita e os anos avançam com velocidade cósmica.

    Outro marco chega na forma de seu primeiro grande show ao vivo. Compramos os ingressos para ver o Justin Bieber e, várias vezes, durante as semanas que antecederam o evento, eles me pedem para ver aqueles retângulos de papel branco. No mês anterior, várias crianças foram mortas em um show da Ariana Grande, em Manchester. Há incompreensão coletiva diante de todo aquele otimismo e juventude exterminados. Bebês aprendem que música é segurança e proteção; que a palavra cantada e suas melodias protegem tanto quanto uma parede. Agora meus filhos percebem que existem pessoas querendo quebrar essa normalidade. Eles têm muitas perguntas sobre Manchester. É difícil falar com as pessoas que você ama sobre um ato de ódio intencional. Preparamo-nos para ver o Bieber e eles perguntam por que não podemos levar uma mochila com as guloseimas que eles selecionaram cuidadosamente. Balbucio algo sobre o calor e a segurança da multidão, porque quem quer falar de bombas em uma noite cheia de expectativas e alegria? Atravessamos a cidade até o local e percebo que é o mesmo onde vi meu primeiro grande show (REM no seu *Green Tour*, com abertura dos Go-Betweens). No meio da aglomeração, minha filha observa nervosamente o tamanho da multidão, mas fica vidrada pelas meninas mais velhas ao nosso redor. Elas começam a dançar e ela timidamente copia seus movimentos, socando o ar, ofegando com os fogos de artifício. As adolescentes podiam dominar o mundo, com toda sua energia. Tanto esforço gasto com suas roupas, bronzeados e maquiagens complicadas com lantejoulas no rosto. Observo essas garotas, que se adoram umas às outras, e perambulam exultantes e confiantes a caminho do banheiro e nas filas de sorvete, todas com cabelos esvoaçantes e de braços dados. Minha filha as observa com uma intensidade clínica, a vontade de ser uma delas gravada em seu rosto. Desejando estar aqui com suas próprias amigas e não com sua mãe e irmão. Em cada uma das meninas, a vejo daqui a seis ou sete anos.

A música nos une. É o ponto central dos principais eventos da vida – aniversários, casamentos e funerais; consola-nos quando alguém pisa em nosso coração; é a fonte de danças espontâneas com amigos (quando criança ou quando se é mais velho, depois de muito vinho). E o pop, sempre ridicularizado por seus ritmos açucarados e pelo uso do auto-tune, tem muito a oferecer, especialmente quando visto pelos olhos de quem tanto o ama.

Nada supera a vitalidade e a promessa de meninos e meninas assistindo a uma figura que reverenciam. A música é uma constante em tempos de incerteza e de caos, uma agulha eternamente vibrando, oferecendo comunhão, conexão. É como ver-se iluminada quando mil celulares erguidos parecem uma galáxia de estrelas; sentir o estrondo do baixo como um trovão em seu peito; comprar uma camiseta de banda e usá-la até desmanchar; contar as horas para a escola no dia seguinte para dizer aos amigos que você estava lá, porque de fato estava: vozes coletivas cantando na brisa de uma noite no meio da semana, com o céu ainda claro. Este é o primeiro de muitos shows, a primeira partilha da noite com estranhos que amam música tanto quanto eles.

IV

A música é a razão pela qual meus filhos costumavam ser obcecados pela morte. Mas a morte em um sentido abstrato, como algo que só acontecia com pessoas famosas, não com quem amamos. Pelo menos até Terry, ou o jovem marido da minha melhor amiga. Percebi que o interesse deles pelo assunto não era sobre o fim de uma vida, mas sobre alguém que não está mais aqui. Perguntavam-me o tempo todo sobre figuras históricas, da música, dos filmes a que assistimos juntos. Eles achavam reconfortante saber que alguém que acabaram de descobrir ainda estava em algum lugar do mundo, inspirando e expirando, viajando, trabalhando, escrevendo canções.

"O Elvis já morreu?" "O Willy Wonka já morreu?" "O Michael Jackson já morreu?" "A Mary Robinson já morreu?" "O Stevie Wonder já morreu?" "O Bill Clinton já morreu?" "O cara que canta 'Video Killed the Radio Star' já morreu?"

"O David Bowie já morreu?"

Até janeiro de 2016, eu podia dizer com alívio que Bowie, em toda a sua glória heterocrômica, ainda estava conosco. Ficaram muito tristes quando ele deixou de estar.

Conversas sobre religião são complicadas. Meu marido e eu não somos religiosos. Nossos filhos não foram batizados e estão bem com isso, mas a religião faz parte do currículo escolar. Respondemos às suas perguntas, ensinamos a respeitar quem acredita e não influenciamos suas opiniões. Um dia, eles mesmos podem acreditar e apoiaremos essa decisão. Pouco tempo depois de meu filho ter começado a ir à escola, ele declarou, do nada, com um fervor nietzschiano: "Acho que Deus é um bobão".

E eles perguntam sobre o Céu. Não tenho conhecimento sobre um lugar em que não acredito. Em vez disso, falo sobre o céu noturno, trocando teologia por astronomia. Apresento a eles as estrelas no lugar das estações da cruz. Tenho um aplicativo com o mapa celeste no meu celular, que apontamos para o céu em busca de planetas e estrelas. As luzes da cidade muitas vezes atrapalham a visão, mas as estrelas sempre aparecem nessa tela, a tecnologia não se desestimula com as nuvens que cobrem o céu. Inclinamos o celular e vasculhamos o aplicativo, procurando a Ursa Maior, as Sete Irmãs, o W achatado de Cassiopeia. Com o pouco que sei, falo de supernovas e quasares. No topo de uma montanha na Itália, nós quatro assistimos ao nascimento de uma lua de sangue, com Marte pairando por perto. Em breve, vão superar isso de pensar que seus pais têm todas as respostas. Vão perceber o tamanho do globo, vão começar a sonhar com todos os lugares que querem ver. As estrelas continuarão aqui muito tempo depois de todos nós partirmos, para onde quer que formos, digo a eles. Já do Céu, não posso dizer o mesmo.

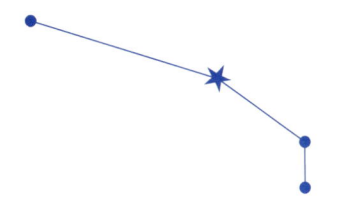

As assombrações das mulheres assombradas

Vejo mulheres subindo colinas, descendo por vilas e cidades. Fechando casacos em que faltam botões, equilibrando bebês em quadris gastos, guardando centavos e contando moedas, segurando-se para não repelir as mãos do chefe pegajoso, acumulando empregos ou recusando bicos, dobrando a esquina com um carrinho para dar de cara com um lance de escadas, cruzando os corredores do supermercado dizendo "para, para, para de me pedir", limpando os narizes e não conseguindo beber suas xícaras de chá que esfriam, suas cozinhas imaculadas, vidas sem sequer um minuto de paz para parar e olhar o céu, a fúria fervendo em suas cabeças.

Vejo uma mulher específica. Todos os momentos de sua vida empilhados como ossos. As inúmeras ações do seu dia a dia, a época de sua juventude, seu passado revelado a conta-gotas. No meio de todos aqueles diferentes endereços e humores e cigarros, todos aqueles suspiros e apostas em cavalos, duas coisas a personificam: ervas daninhas e fantasmas.

Era primavera e, no jardim dos fundos, minha avó arrancava os dentes-de-leão do gramado. Nunca houve flores naquele jardim, exceto pelo amarelo indesejável. Arrancando as raízes, extirpando o "mijo-dos-canteiros" do solo. Meu avô se lembra de como ela voltou à casa, deixando para trás a luz do sol e, passando pelo abrigo de carvão, simplesmente desmaiou. Após compartilharem a cama por cinquenta anos, ele conhecia sua respiração, cada subida e descida, mas nunca a ouvira respirar assim. Um não-ela, um ronco pneumático. Minha mãe chegou e seu cérebro, inundado de pânico, discou 888 sem parar, perguntando-se por que ninguém atendia. Por que não havia uma voz calma e eficaz dizendo: "Serviço de emergência – como podemos atendê-la?". No hospital, o médico declarou que tinha sido um ataque cardíaco fulminante. Naquela manhã, ela havia fumado meio cigarro, apagando-o com os próprios dedos e guardando para depois. Enquanto os paramédicos tentavam ressuscitá-la, a guimba enegrecida olhava, ereta, do alto da lareira.

Dizem que, no final da vida, as pessoas tornam-se mais enraizadas no passado, gravitando em direção ao início da vida à medida que se aproximam da morte. Nas semanas anteriores a sua implosão coronária, minha avó falava constantemente de seus pais. "Vou para casa", dizia. Quando criança, li sobre Hades e o rio Stix, e sempre que penso em pessoas perto de seu fim, sou tomada por essa imagem. Vejo-a subindo em um pequeno barco, atravessando as águas até seus pais, segurando um remo em seu punho cerrado.

Com exceção de férias na balsa e excursões de um dia para cidades litorâneas, o único lugar que ela visitou fora da Irlanda foi a Inglaterra, onde a chuva e a escuridão espelhavam o clima que ela sempre conhecera. Essa súbita concentração em um olhar retroativo, um olhar histórico para trás e por cima do ombro, fez com que ela falasse de aventuras: de querer ir a algum lugar, explorar algum novo local. Ficamos tão chocados com essa declaração repentina que nem pensamos em perguntar aonde ela gostaria de ir. Sugeri que voasse para algum lugar, qualquer lugar, fazendo como Amelia Earhart pela Europa, porque em seus setenta e dois anos ela nunca havia pisado em um avião. Sequer possuía passaporte. Gostava de cidades costeiras, mas não havia rivieras em seu passado. Talvez soubesse que seu tempo era curto e estava brincando, sabendo que não teria que cumprir quaisquer promessas feitas.

Sempre contava histórias de fantasmas. Não sobre fantasmas e *banshees*, ou bichos-papões que te agarravam no escuro, mas sobre os fantasmas que ela conhecia. "Deve-se temer mais os vivos que os mortos", dizia em qualquer situação, houvesse necessidade de conselho sobrenatural ou não. Eu sabia que se referia a seu pai, mas demorou para nos contar tudo. Minha mãe ainda conta essa história, minhas tias também.

Ele trabalhava como cobrador de seguros, mas, por causa de sua altura e comportamento, as pessoas presumiam que era um investigador à paisana, um agente da Divisão Especial que trabalhava para a Polícia Real da Irlanda (mais tarde, Polícia Metropolitana de Dublin, agora chamada de *Garda Síochána*). Circulava pela cidade de moto e, certa tarde, em suas rondas habituais, desviou-se de uma criança e bateu em um poste de luz. Foi um acidente grave e ele ficou três semanas em coma antes de morrer, fazendo de minha bisavó, Mary, uma jovem viúva.

Ela tinha quatro filhos e estava grávida quando ele morreu. Uma frase estranhamente profética que o falecido marido costumava dizer à futura viúva faz parte das várias histórias de fantasmas da minha família – que, por vezes, sobrepõem-se: "Jamais vou te deixar com um bebê pequeno". A dor desencadeou um aborto espontâneo, logo seguido pela morte de seu filho mais novo. Ela deu à luz dez filhos homens ao longo da vida e apenas um chegou a crescer. Que tipo de silêncio paira em um lugar depois que um bebê para de respirar ou nunca chega a fazê-lo? Uma vez perguntei se ela já tinha visto aqueles fantasmas, praticamente um time de futebol de meninos, alinhados nas sombras.

Sua filha Veronica – minha avó – cresceu, e talvez rápido demais. A vida dela foi instável, mergulhada na pobreza e no luto, uma dor que se tornou medo e, mais tarde, um colapso nervoso aos dezoito anos. Ela tinha certeza que sua mãe morreria e a deixaria, junto com os irmãos sobreviventes, desamparados.

Não importa quão nuclear ou fragmentada seja a vida, todos temem seu fim: a morte do pai ou da mãe, o falecimento de um filho ou de uma filha antes do seu, a chegada da doença. Acontecimentos indizíveis, momentos incompreensíveis que ocorrem apenas com outras pessoas. Esse terror, mesmo imaginá-lo brevemente, bastava para minha avó. Convivia sempre com a possibilidade e isso era o suficiente para enevoar sua vida. A família morava no quarto dos fundos de um cortiço em Dublin 8. Para sobreviver, minha bisavó fazia partos e lavava os mortos. Trouxe pessoas a este mundo e levou outras para fora dele, almas limpas como uma página em branco, outras pesadas com o peso de uma vida inteira. Ela tinha um segundo emprego como tecelã, passava horas ao tear e, quando saía do quarto do cortiço para trabalhar, trancava a porta para proteger as crianças.

Era aí que ele aparecia.

Minha avó sempre começava a história a partir do momento da chave rodando na fechadura. O som dos passos de sua mãe descendo as escadas e a sensação de ser deixada sozinha durante o dia. A primeira vez que seu pai apareceu, minha avó ficou gritando até que os vizinhos trouxeram sua mãe de volta. Suas aparições foram se tornando algo esperado: a mãe ia embora e ele ficava lá, todos os dias, até que ela voltasse. Minha avó levou alguns dias para perceber o que ele estava fazendo: montando guarda, vigiando. Acabou se acostumando a ele, ou melhor, a essa versão pós-morte dele, embora seus irmãos nunca o tenham visto. Esse fantasma protetor. Parecia tão real que ela sabia dizer a cor de seu casaco (um Crombie marrom).

Esse fio psíquico atravessa minha família, um ponto corrido no lado materno. Minha bisavó também dizia que via o futuro nas cartas que as pessoas tinham nas mãos durante algum jogo. Na penumbra dos andares dos cortiços, famílias grandes viviam em um só cômodo. O saneamento era ruim, o espaço livre, inexistente. Então, jovens reuniam-se nas escadas, formando um círculo de ombros encolhidos para jogar pôquer. Passando por um grupo assim reunido em uma noite, minha bisavó entreviu a mão de cartas de um jovem.

"Está indo para algum lugar?", perguntou.

"Não!", foi a resposta incrédula.

"Suas cartas me mostram você velejando. Indo embora de barco."

Ele riu na cara dela e ela subiu as escadas para cuidar de seus filhos.

Como essa é uma história que ouvi tantas vezes e é assim que as coisas acontecem neste nosso mundo inexplicável, posso contar: no dia seguinte, ele fugiu para a Inglaterra para casar-se com uma garota. Sua mãe foi tirar satisfação com Mary. "E você teria acreditado em mim se tivesse lhe contado?", foi a única resposta que ela pôde dar ao rosto colérico da mulher.

No patamar abaixo do quarto em que moravam, minha bisavó às vezes via o fantasma de um soldado do exército britânico. Seu uniforme verde/marrom identificável mesmo na escada escura do cortiço. Seu marido – antes do acidente com a criança de que se desviou na estrada, antes de entrar em coma – tinha servido na França durante a Primeira Guerra Mundial. Ele voltou para casa, mas milhões não conseguiram. Atolados em trincheiras, a neve vermelha das papoulas sobre seus restos mortais. O homem no patamar não era conhecido, mas Mary não se intimidou com ele. Talvez fosse um companheiro, um mensageiro do além, ali para tranquilizá-la de que seu marido estava bem.

★

Púcas
    Cavaleiros sem cabeça
        Estradas assombradas
            Um casal dançando perto do Grande Canal
Freiras fantasmas
    Um gato preto de olhos vermelhos
        Uma mulher atravessando a parede de um hotel
(Coisas que pessoas me contam já terem visto.)

A história e o folclore irlandês têm suas raízes em contos de espíritos e de seres malévolos. Não praticamos vodu ou juju, mas absorvemos histórias de almas penadas e sentimos os mortos caminhando entre nós. Falamos de *banshees* estridentes, cuja canção lúgubre prediz uma morte próxima, bruxas que se transformam em lebres, *selkies* solitários no mar. Em tempos difíceis, os irlandeses contavam histórias, faziam flutuar palavras à luz de velas, indo de casa em casa para suportar o inverno, suas histórias na ponta da língua. Contos que estão em cada grama e tijolo, uma argamassa ectoplásmica. A velha tradição de velar um morto vem sendo revivida e, com ela, a ideia de tecer uma narrativa da vida de quem morreu. Essas noites tristes são para quem fica para trás, no desamparo. Os mundos dos mortos e dos vivos estão cada vez mais próximos um do outro. Trocam-se histórias como um ato de ressurreição, mas também de consolo. As palavras podem manter viva a memória de qualquer pessoa.

★

"Você já viu um fantasma?"
    O que se diz está em desacordo com o que se sente quando esta pergunta é feita. Existe o medo da resposta, mas ninguém quer que seja "não"; ter que dar ré no beco sem saída da conversa. Ansiamos pela afirmativa, uma chance de respirar fundo e esperar pelo que vem

a seguir. "Sim" é uma brecha: uma placa de sinalização na entrada de um bosque, incitando-nos a caminhar na escuridão das árvores. São duas coisas que muitas vezes me vejo compelida a perguntar às pessoas: se sabem seu grupo sanguíneo ou se já viram um fantasma.

★

Não conseguir ter a vida que você realmente deseja cria um anseio espectral por outra existência. Aquela vida fantasma – de oportunidades, viagens, uma carreira – correndo ao lado da que está, de fato, sendo vivida. Uma vida sem escolhas e com pouca variedade, limitada por circunstâncias econômicas, e a outra, livre de restrições materiais. As mulheres nascidas na primeira metade do século XIX na sociedade irlandesa, especialmente aquelas que não tinham a sorte de pertencer às classes média ou alta, tinham uma sina muito específica. Havia muita escassez na maior parte dessas vidas. Migalhas de estudo, já que saíam da escola aos doze ou talvez quatorze anos (aconteceu com todas as mulheres de ambos os lados da minha família). Casamento, bebês, uma vida doméstica. Na estrutura hierárquica da família, a mãe irlandesa conseguia ocupar o lugar de maior destaque e, ao mesmo tempo, deter o menor poder. Como figura central, esperava-se dela uma contribuição imensa, mas que raramente era recompensada. Quando penso em nossa história, essas são as mulheres que vejo. Sua raiva invisível zumbindo no ar. A falta de escolha gerava uma queixa coletiva.

★

Meu irmão mais velho paira na interseção do espiritual e do paranormal. Para ele, não há vida após a morte; nossos corpos são legados como banquete para as criaturas da terra. Mas também não consegue explicar por que tem sonhos proféticos e como vê coisas que vão além do domínio científico. Ele vê auras. Fantasmas também.

A casa onde morava – um quarto, banheiro externo e, no inverno, frequentemente mais fria por dentro do que por fora – foi construída na década de 1890, pela Companhia Dublinense de Moradias de Operários para trabalhadores da fábrica da Guinness ali perto. As janelas eram pequenas, e a casa, sempre escura, especialmente no inverno. Uma noite, meu irmão acordou e encontrou uma velha sentada na beirada da cama. Ele fez todas as coisas que se espera – esfregou os olhos, beliscou a pele, os rituais habituais para confirmar se se está, de fato, acordado –, mas ela continuava lá. Quando a descreveu para uma vizinha idosa, ela respondeu sem hesitar, como se fosse a coisa mais comum: "Ah, é a Annie".

Não sei se é possível voltar depois de morrer. E se for, voltar de onde – do céu? Se rejeitarmos as alocações judaico-cristãs, talvez haja alguma outra terra autônoma nas nuvens, um município de vida eterna e boa saúde. Se tal lugar existir e uma jornada assim for possível, ela deve ser longa. Subir por estratosferas e exosferas, todo aquele ar e todas aquelas substâncias químicas, abrindo o caminho de volta, um alpinista com um martelo. Mas esse retorno de algum reino desconhecido é um ato de ascensão ou de descida? Religião, filosofia e poesia influenciaram fortemente o que pensamos sobre o assunto, difundindo a ideia de que esse lugar seria o céu e que estaria localizado verticalmente acima de nós. Se fosse fácil voltar, não seria razoável pensar que todas as almas mortas tentariam fazê-lo, nem que fosse uma só vez? Dar uma última olhada para a vida da qual não fazem mais parte, ver os rostos de seus filhos mais uma vez, ou caminhar pelos campos amarelos da juventude?

"Annie" era a inquilina antes de meu irmão se mudar para a casa. Ele diz que ela parecia uma pessoa real, sólida e contida, quase confusa. "Você ficou com medo?", pergunto. "Não. Ela apenas parecia curiosa sobre quem morava aqui agora."

Para minha avó, mortos eram benevolentes, efígies de pessoas que amamos e que tinham partido. Era impossível dissuadi-la de que os tinha visto. Ela era inflexivelmente, devotamente católica, com sua crença inerente no céu, mas, para ela, o mundo dos espíritos era tão convincente quanto o dogma.

Certa vez, ela me visitou no hospital depois de mais uma cirurgia no quadril. Durante o pós-anestésico, eu vomitava com a regularidade de um semáforo. *Vermelho, pausa, verde, vômito.* A enfermeira inflou a braçadeira no meu braço, medindo a pressão e contando mentalmente. Minha avó, atenta, assistiu à cena, esperando o momento certo para pedir descaradamente à enfermeira que também verificasse sua pressão arterial. Não me lembro do resultado, ou da enfermeira revelando os números. Talvez já estivesse muito alta, seu coração enviando sinais precoces desde então.

★

Em outro hospital, vinte anos antes, o filho mais novo de minha avó passou por uma operação complicada na coluna. Seu estado era incerto. Na escuridão da noite, lutando contra o sono, as drogas do pós-operatório entrando e saindo de seu cérebro, ele abriu os olhos. Lá, impecavelmente vestido, estava um homem ao lado de sua cama. Ele sabia quem era pelo casaco, pelo chapéu. Nada mais que uma alucinação das profundezas de uma densa névoa dos medicamentos, talvez, ou apenas o jeito que a luz bateu. Mas aquele era o hospital aonde meu bisavô tinha sido levado após seu acidente e também a mesma enfermaria. Em tempos de doença, o corpo e sua vulnerabilidade aceitam de bom grado tudo o que vier, até mesmo a manifestação de alguém morto há muito tempo e que teria vindo fazer vigília.

Histórias de fantasmas são *unheimlich*: versões exageradas de coisas que conhecemos. Uma pessoa ou entidade conhecida torna-se algo estranho e assustador. Um lar se torna uma casa mal-assombrada. Uma mulher chorosa é uma *banshee* aterrorizante. Mas para minha avó havia conforto nesses espíritos; sua presença oferecia consolo.

    Eu tinha dezessete anos e estava sozinha em casa quando descobri que ela havia morrido. Uma amiga de minha mãe ligou para se solidarizar, sem perceber que eu ainda não tinha recebido a notícia. O choque fez com que toda a casa parecesse ter ficado fria instantaneamente. A doença não estava pairando à sua porta; a família não tinha montado uma rotina de visitas ao hospital. Ninguém esperava por aquilo. Confusa e aos prantos, fiquei esperando minha mãe voltar do hospital, enquanto o dia escurecia lentamente. Seu coração, aquele moinho de vento em seu peito, tinha parado de girar. Como os filhos não queriam que ela passasse a noite em uma funerária, o corpo foi levado de volta para casa. Para a casa com o galpão e os dentes-de-leão; o sofá desconfortável e o banheiro do lado de fora da cozinha; deitada no quarto que dividira com meu avô. Acenderam-se velas e cobriram-se os espelhos com pano branco. Alguém trançou as contas do terço em suas mãos de cera. Foi o meu primeiro encontro com um cadáver. A pele marmoreada, a dureza de um rosto outrora macio, o gelo nas veias. Abaixo do quarto onde ela repousava, havia uma foto dos meus avós, pouco depois de seu casamento. No caixão, com seus cachos da década de 1940, ela se parecia mais com essa mulher mais jovem do retrato. O agente funerário tinha feito "um trabalho lindo!", disseram. O batom rosa era uma anomalia: nunca a tinha visto de maquiagem. Todas as linhas de seu rosto desapareceram. Os anos depois da morte de seu pai e da vida de cortiço; de natimortos e de eletroconvulsoterapia depois da depressão pós-parto. Apagados quando seu coração parou. Em vida, tinha algo de áspero, um temperamento explosivo – mas ela tinha sofrido e seus modos eram uma forma de defesa. Era difícil conectar o que eu conhecia da versão mais velha à garota nervosa de sua adolescência. Uma garota tão assombrada pela possibilidade da morte de entes queridos que sua mente desabou em si mesma.

★

"Você já viu um fantasma?"
A pergunta parte de mim mesma ou de você. De toda forma, ela é feita. A resposta é sim e não, simultaneamente. Mas a pergunta está errada. É necessário investigar de forma mais precisa e mais ampla – uma contradição:
"Você já encontrou um fantasma?"
A linguagem dos fantasmas é visual. Flutuante, etérea, transparente. Visualização como prova definitiva. A validação do "eu-vi--com-meus-próprios-olhos". Então digo sim, já *encontrei* um fantasma, mas nunca *vi* nenhum. Não vi nenhuma forma fantasmagórica, suas bordas incertas, mas senti suas mãos, seu peso em minha pele, mais de uma vez. Como se uma outra pessoa, viva, com membros de carne e osso estivesse me tocando. Tatilidade não é o mesmo que visibilidade, mas tem sua própria verdade.

Nos meses após a morte de minha avó, meu avô começou a me dizer coisas sobre a morte dela. Declarações muito específicas.

"Se vovó fosse aparecer para alguém da família, seria para você."

Nunca me explicaram em que se baseavam essas palavras e não entendi a lógica de ter sido escolhida. Não quando meu irmão já tinha recebido uma visita fantasma, era também capaz de detectar auras e tinha sonhos proféticos. É possível que meu avô tivesse enxergado o mesmo potencial psíquico que permeia as mulheres de minha família, ainda que eu mesma não tivesse sentido. E então algo aconteceu. Não tentei resistir a esta história. Não tentei racionalizá-la. Tentei deixar de lado meus pensamentos de que "nada se cria, nada se perde", e aceitei.

Constelações

A cama de solteiro no meu antigo quarto na casa dos meus pais ficava debaixo da janela e dava para um telhado plano. Por vários meses depois que ela morreu, antes de dormir, eu me esgueirava por sob as cortinas e ficava olhando a noite pela janela. Observando as estrelas, conversava com ela. Possivelmente – porque ainda acreditava em Deus, no Céu e nos santos naquela época –, rezava por ela. Eu a deificava, pedindo intercessão como penitentes fazem com santas. Mas, majoritariamente, falava sobre como sentia saudades, sobre como estava a vida.

Um ano após a sua morte, passei por um período de tristeza. Deitada sob a janela, com a mente inquieta, me enrolava toda nos lençóis a cada noite e passava muito tempo chorando virada para a parede. Então conversava com minha avó, olhando para o contorno quadrado de parte da Ursa Maior ou tentando avaliar a fase da lua no céu daquela noite. Virava de lado, completava minha inspeção das estrelas e pedia a ela que melhorasse a situação. Então, numa noite, senti algo. Uma mão no meu ombro, apertando-o de forma carinhosa e depois massageando minhas costas, como se eu fosse uma criança doente.

"Vire para o outro lado." "Vire para o outro lado." "Vire para o outro lado."

Na minha cabeça, minha voz me mandava virar. Meu corpo parecia pregado na cama, mas tudo o que eu queria era virar. Abri os olhos e o quarto estava todo azul claro. Aquele canto escuro da casa era imune ao luar, mas lá estava, banhado em um tom cerúleo. Fiz todas aquelas coisas de cinema, aquelas coisas que meu irmão fazia quando Annie estava sentada na ponta da cama dele – beliscar, arregalar os olhos, dizer a mim mesma: "Isso é real, certo? Você não está mais dormindo, não é?". Eu estava acordada, sei que estava, mas o medo superou a curiosidade. Fiquei paralisada e ouvi meu coração batendo no meu peito. Até hoje me arrependo de não ter ido na direção do azul para saber o que tinha ali. Se fosse de fato minha avó ao lado da minha cama, eu deveria pelo menos fazer a gentileza de cumprimentá-la. Perguntar como estava e se sentia falta da vida.

Mais importante, no entanto, seria lembrar de suas palavras.

"Deve-se temer mais os vivos que os mortos."

Não importa o quanto amei alguém na vida, ou quão profundo é meu luto – depois que alguém morre e é enterrado, eu não visito mais seu túmulo. Há pessoas para quem cemitérios são santuários, mas não sinto nada quando estou ali. Uma caixa enterrada sob o solo úmido não se parece em nada com a pessoa que amei. "Quando eu morrer, podem me cremar", aviso. "Removam meus anéis (boa sorte para quem tentar tirar todo o metal do meu corpo) e queimem meus restos mortais como em uma pira." A grama agora cresce sobre minha avó e penso nela arrancando aquelas ervas daninhas amarelas do gramado, sem saber que o fim de sua vida estava à esgueira. Prestes a dar seu último suspiro, em pé, na grama, como no invólucro verde de seu local de descanso eterno.

★

Antes de acabar sob um retângulo verdejante e bem cuidado, toda pessoa deveria deixar, ainda que por pouco tempo, o lugar onde nasceu. Quando penso em minha avó, sinto os círculos diminutos de seu mundo; sua vida linear e seu mapa exíguo, suas enormes perdas e noites insones. Não é que deseje a ela uma vida maior, cheia de horizontes mais amplos, mas queria que ela tivesse tido mais paz, um pouco de tranquilidade.

O escritor estadunidense Barry Hannah dizia que há um fantasma em toda história: um lugar, uma lembrança, um sentimento há muito esquecido. Experiências que nunca desaparecem totalmente, pessoas que deixam uma marca. Um resíduo permanente, ainda que invisível. Memórias sujas de fuligem e flores prensadas; uma parte de nós agora, como uma prótese formada do passado. Por muito tempo, minha avó foi um fantasma em sua própria história, vivendo fora de si mesma por causa do medo e da dor. A mãe dela também era assombrada, e se existe vida após a morte, ou algum espaço residual – o lugar onde os fantasmas de homens que vieram até elas estão –, talvez estejam todas juntas agora. Ao lado das mulheres que as precederam, aqueles exércitos de mães e de Madalenas, mulheres que tanto quiseram do mundo; mulheres que nunca pediram nada; mulheres que caminhavam por aquelas colinas, chamando o vento; mulheres desaparecidas, moídas pelo destino; mas também as mulheres que partiram em busca de algo melhor, ou aquelas que encontraram um senso de identidade – seja paz ou fúria interior; mulheres que encontravam o que queriam; e todas as mulheres que entraram no fogo do futuro sem olhar para trás.

Onde dói?
(vinte histórias baseadas no questionário de dor de McGill)[4]

O questionário de dor de McGill foi desenvolvido em 1971 como um método para avaliar a dor de acordo com uma escala. Estabeleceram-se 77 palavras relacionadas à dor, divididas em 20 grupos, e pacientes devem então selecionar uma única palavra de cada grupo. A seguir, escolhem três palavras dos grupos 1 a 10, duas palavras dos grupos 11 a 15, uma palavra do grupo 16 e uma palavra dos grupos 17 a 20. Ao final, chega-se a uma seleção de sete palavras que descrevem a sensação de dor de cada paciente. Mas as palavras muitas vezes são insuficientes quando se trata de dor. Pacientes têm liberdade para selecionar várias palavras, mas a dor não pode ser reduzida a um conjunto lexical. É difícil explicar uma dor específica para alguém que nunca a experimentou, ou para alguém cuja vida tem sido, em grande parte, desprovida de dor. Profissionais de saúde criaram a lista e escolheram os descritores. As palavras não vêm da pessoa que sente dor; as palavras pertencem aos médicos, não a quem sofre. Esta é uma tentativa de recuperá-las.

---

4. [N. T.] Conforme adaptação do questionário para a língua portuguesa em 1995, proposta por Cibele Andrucioli de Mattos Pimenta e Manoel Jacobsen Teixeira em estudo com profissionais da saúde e pacientes.

Quantas vezes você já sentiu dor? Você teve acesso a todas as palavras de que precisava para contar sua história?
Qual é o vocabulário da dor?

**Vibração, Tremor, Pulsante, Latejante,
Como batida, Como pancada**

Entorse de lavadeira

Em seu berço, meu filho, tão desejado
É um filhote de foca branca,
Macio e sem bordas,
Olhos de um azul sacro,
Será que ficarão dessa cor?

Seu punho um molusco
Sua pele sulcos da concha

Coloco no colo, essa quase pessoa
Me dou conta de uma nova dor
No punho com que não escrevo
A fonte é tendão
Não osso.

Logo não consigo mais levantá-lo
Ou dispersar as bolhas de leite
De sua barriga
Espraiando minha mão
Em sua coluna

Síndrome de Quervain
Diz o especialista.

Ou *entorse de lavadeira*
(não *de lavadeiro*).
Um lembrete de que
São as mulheres
Que lavam, carregam, alimentam,
Mulheres cujos corpos
são vítimas de partos.

Pontada, Choque, Tiro

Remoção de dreno pós-cirúrgico

Um tubo transparente entra em meu corpo, uma cobra médica.
Sem veneno ou picada. Remoção de sangue velho, migalhas de
    [osso, detritos cirúrgicos.
O círculo de drenagem se enche, um sol de plástico branco.
Peço que façam a contagem, como se fosse numa corrida.
Um-do-lá-si-já!
Contando comigo, como se fosse minha vez de cantar na festa.
Bêbada de vinho, nas altas horas.
Contem comigo e abro minha garganta.
1 – 2 – 3!
Avisa quando for a hora.
Aviso
Fala quando for
OK
Fala –

A dor se bifurca na carne, o tubo arrancado de dentro.
    Ele emerge, *doppelgänger* de um parto com um cordão umbi-
    lical falso. O buraco que fica, uma moeda vermelha na pele.

Agulhada, Perfurante, Facada, Punhalada, Em lança

Punção lombar

Uma agulha mágica, não uma varinha
Para achar líquido cefalorraquidiano
Perfurando vértebras
Saca-rolhas
Que tipo de uva eu sou?
Em posição fetal, foco no ponto
Mais alto do consultório, porque a dor
É altitude; doença dos Alpes.
Recém-minada, não consigo andar por dois dias
Com que comida harmonizo bem?

Fina, Cortante, Estraçalha

Dente do siso incluso

Eu falo muito,
mas nunca soube
que minha boca era muito pequena
até o cirurgião-dentista falar.

Suas palavras me fazem rir.
Infantil, eu sei.
Um dente problemático
rompe a pele
De lado e não para o alto.
Um bêbado encostado no bar.
Crescendo pra cima do molar.

Onde dói?

A pele se rasga,
uma planta primaveril
irrompendo do solo.

O cirurgião declara
Que possuo
Uma mordida de raio pequeno.
Meus amigos vão se divertir
Porque palavras sempre jorram de mim.
Um gêiser de frases
Mas agora tenho provas médicas
De uma boca diminuta.

Sob anestesia,
Metal se torce
na pequena caverna
da minha boca.
Gengivas derretem.
Acordo entorpecida.
Um tijolo removido da parede de meus dentes.

Durante o jantar, conto aos amigos a história do raio da mordida.
Comparamos e tiramos fotos.
Meu amigo gay com lábios lindos e carnudos diz que uma boca
    [pequena seria um problema para ele.

Nós rimos.
O vinho amarfanha o leito vazio
daquele dente recém-finado.

Beliscão, Aperto, Mordida, Cólica, Esmagamento

Dores de cabeça sem explicação

Essas infecções se repetem,
como marinheiros ao amanhecer, regressando
de coisas que preferiam nunca ter testemunhado.
Há um rato em meu crânio,
Percorrendo meu cérebro, agitado,
roendo células.
Onde se controla o equilíbrio e a postura.
É cabeça ou cérebro ou dente ou mandíbula?
Sou uma péssima arqueóloga,
Como aqueles outros em Indiana Jones
cavando no lugar errado.

Adentrando o canal auditivo, a dor espirala
Certa vez tive vertigem e me agarrei a uma parede
Como se estivesse afundando em um navio.
Nado entre martelo, bigorna, estribo
Ossículos oscilantes.

No túnel de ressonância magnética, toca música: "Superstar",
    [dos Carpenters.
Concentro-me na Karen sobreposta ao barulho da máquina.
Que partes do meu cérebro se iluminam por amor? Ou medo?
    [Ou pela Karen Carpenter?

Isso aqui não é um caixão. Isso aqui não é um caixão. Isso aqui
    [*não é um caixão.*
O mantra não abafa o pulso pneumático. *Ainda está aí, Karen?*

Fisgada, Puxão, Em torsão

Testes de esfregaço

Se alguém dissesse que colocaria a lua
dentro de você, talvez
você consentisse
Para sentir seu branco gélido

Solas dos pés coladas em
Postura da deusa reclinada
Sentindo-me menos divindade
Que refém do espéculo

Calor, Queima, Fervente, Em brasa

Azia (na gravidez)

Ela chega como um forasteiro na cidade, um carro desconhecido cruzando a rua enquanto as mães assistem por detrás das cortinas.

Essa experiência é comum para muitas, mas nova para mim.

Na TV, vejo anúncios de remédios cor-de-rosa gosmentos. Atores apertam suas gargantas, franzindo a testa, interpretando o desconforto.

O estômago do meu pai é complexo; em sincronia com a minha vida. Quando minha mãe estava grávida de meu irmão, sofreu com uma úlcera perfurada. Ele trabalhava perto de um hospital e a proximidade fez com que não morresse.

Mas deixou um fantasma em suas entranhas que lhe assombrou o resto da vida.

O calor sobe. O canal alimentar em risco de incêndio, não uma fênix.

As palavras desafiam o inferno, mas se transformam em cinzas na minha garganta.
Procura-se: um hidrante, esguicha água em mim.
Mandíbulas mastigam pastilhas calcárias e
A queimação se apaga
Como se eu tivesse combatido seu fogo com um rio inteiro.
Quando não estiver grávida, vou comer *jalapeños* direto do pote.

Formigamento, Coceira, Ardor, Ferroada

Lesão ocular (em um festival de música)

Pessoas cobrem cada centímetro da grama
A música jorra de uma marquise listrada para outra
Dançamos como pagãos, noite adentro, na completa escuridão
      [rural,
Os geradores do acampamento zumbem enquanto nos
      [esgueiramos
Por entre tendas espraiadas como corpos em campo de batalha.

Então um olho para de abrir.
Derramando lágrimas falsas.
Um carrinho de golfe chega, ambulância improvisada,
Dirigindo comicamente por corredores de grama,
Sacolejando sobre latas de cerveja e
o contorno de fortes de fadas
Faço um tapa-olho de pirata
Com as costas da minha mão.

Em uma tenda de emergência, um médico – bonito demais – inclina minha cabeça suavemente. A cada ângulo de quarenta e cinco graus, faz perguntas pessoais.

Onde dói?

"Você está aqui com um parceiro?"
"Meu marido."
"Alguém te machucou?"
"Não!"
Ele me faz pensar se isso é comum. Se caras batem nas namoradas sob bandeiras coloridas, depois de se casarem em uma igreja inflável. Em meio a toda essa vida, ainda há o soco na cara?
Ele diz: "um corpo estranho".
Eu penso: "excesso de dança, falta de cama".

**Mal-localizada, Dolorida, Machucada,
Doída, Pesada**

Não amamentar

Heparina
Folhas de repolho
A tristeza
O julgamento

Sensível, Esticada, Esfolante, Rachando

Cicatrizes

Às vezes têm dentes,
uma boca costurada com metal
Como se protestassem.
Pele grampeada,
Para induzir a cura.
Ou são de papel,
Para feridas superficiais.
Fio médico, grosso como pelo de sobrancelha –

As plaquetas marcham e galgam as trincheiras de batalha do
    [corpo,
Um exército de capitães de coagulação.
Trabalhando rapidamente, até que o macio se torne uma costura,
uma parede divisória no corpo.
Coça, *demais, você não tem ideia.*

Vigia-se o progresso, sua possibilidade.
Para de tossir ou vai arrebentar
Recompondo-se,
Um laço de fita, lábios franzidos.
Um novo alfinete fincado no seu mapa.

Cansativa, Exaustiva

Gravidez

A fome é um trem a vapor,
Abasteço esse saco sem fundo
Para afastar a náusea.
A garganta arde, mais quente que o carvão.
Passo por estações com nomes de semanas e trimestres
Este bebê e eu,
Dois trilhos varando a noite.

Enjoada, Sufocante

Coágulo pulmonar

Nunca puxo ar suficiente
para encher meus pulmões.
Inspire profundamente, como se sentisse o cheiro
de petricor, mexerica, pele de bebê.

No raio-X, o médico aponta o trombo,
circulando-o com uma caneta.
É por que fumo socialmente há anos?
Não – é o seu coágulo.

Respire como se o ar estivesse acabando,
em uma caixa ou caixão.
Cada inspiração é uma facada no peito
Racionadas até que fiquem menos frequentes,
rasas e incompletas.
Os pulmões entram em colapso, pneumonia fúngica
Para parar a dor e reinflar,
Uma bomba de morfina em linha direta com a barriga
E por um dia é tudo mágica e relâmpagos

Meu pai diz que descobri
O sentido da vida
Que foi que eu disse? Presta-se atenção.
Ai meu deus! Não consegui acompanhar, amada.

Você:
– acha que pessoas que não estão ali estão.
– chora como se fosse o fim dos tempos.

– tem pesadelos cheios de sangue e de animais.
– enche as mãos de água do banho e joga em seu marido, como
[se estivesse apagando um incêndio.

Mas funciona esse veneno.
Os pulmões se recuperam, você puxa o ar,
profundamente, como um baseado.

Amedrontadora, Apavorante, Aterrorizante

Uma queda

Diante de uma plateia, entrevisto uma acadêmica feminista. Ela é inteligente e engraçada. Estamos juntas em nosso horror ao patriarcado, trocamos figurinhas com as histórias de assédio na época em que raspamos nossas cabeças.

"Os homens sempre supõem coisas sobre a sexualidade, disponibilidade e atitude com base no cabelo de uma mulher", diz.

Mais tarde, sob o céu quente de junho, desequilibro-me ao andar em uma rua inclinada. Rodo e rodo como uma garota dervixe, o medo me subindo antes mesmo de atingir o chão.

Um tapa de concreto. Bato com o quadril, exceto que o meu não é de osso, mas de cerâmica e titânio. As estrelas repreendem minha falta de jeito.

Na ambulância, faço aquilo que as mulheres fazem – mesmo quanto têm medo: peço desculpas. Por ocupar o tempo dos socorristas, esta maca, um dos lados deste veículo com tubos e máscaras.

Conheço muitos tipos de dor, mas não esta.

Na sala de raio-X, o pessoal me cerca.

"Vamos levantar no 3!", e da cabeça aos pés meu corpo detona como uma bomba.

Uma espécie de dor atômica, irradiando nuvens em forma de cogumelo.

Medo do que me fiz.

"A bola de cerâmica da sua prótese de quadril pode ter explodido."

Fiz isso comigo mesma.

Um fisioterapeuta identifica o problema: hematomas graves nos ossos.

Dolorido como uma fratura, frequente em acidentes de esqui (e eu que nunca esquiei). No calor da enfermaria, anseio por neve, uma nevasca, uma avalanche.

"Você escapou por um triz", diz meu cirurgião ortopédico uma semana depois.

Castigante, Exaustiva, Cruel, Maldita, Mortal

A dor a que não se dá ouvidos

Já passei por situações o bastante em que médicos foram condescendentes comigo para saber quando não acreditam em mim. Quando tento usar palavras como as desta lista para articular e comunicar meu sofrimento físico, às vezes não consigo encontrar a palavra certa ou sei que talvez nem exista. Pacientes lutam para que sua saúde seja reconhecida, tratada, para que alguém diga:

"Eu sei do que se trata e vou te ajudar."

A dor é a resposta de uma pergunta que o corpo faz. Nós a compartilhamos para encontrar uma solução, mas muitas vezes ela é recebida com suspeição.

"Está tão ruim assim?"

Qualquer tipo de doença requer privacidade. Tornou-se aceitável que muitas condições médicas evoluam em salas de espera, enfermarias e clínicas. Uma vez que se torna pública, a experiência da doença é, também, política – para tomar emprestada a afirmação de Hannah Arendt de que qualquer ato realizado em público é político. Como mulheres, aprendemos cedo que absorver a dor é uma forma de martírio que nos aproxima dos corpos de santas, como se o mal-estar fosse igual ao êxtase religioso. Que haveria algo de significativo no sofrer, mas não há.

Miserável, Enlouquecedora

Efeitos colaterais do ATRA

Cápsulas em vermelho e amarelo
Uma espécie de semáforo
Bolas de bilhar
Dose: nove por dia
(quatro pela manhã,
cinco à noite)
por quinze dias.
Um ritual partido:
a manhã é amarela
e a noite é vermelha?

ATRA. Ácido all-trans-retinoico
Contém arsênico, mas
É um tipo de tóxico do bem.
Não é botulínico, polônio.

Efeitos colaterais:
Dores de cabeça piores do que ressacas.
Pele seca, ressecada.
Visão turva, olhos em greve.
Formas na minha retina,
Uma suástica rotativa.

Um símbolo de fertilidade
Até que os nazistas o roubaram.
Encontro outras palavras:
Tetraskelion.
Fylfot.
Cruz Gamada.

Chata, Que incomoda, Desgastante, Forte, Insuportável

Derrubada por um carro (Quadril)

De costas para uma parede alta de concreto, uma fila de braços de crianças forma uma ponte de carne. Mergulho por baixo da ponte, corro ao lado de todas aquelas crianças que, ao fim, estão livres.

Dessa vez, sou a heroína do jogo, erguendo-me depois dos últimos braços. Triunfante, pronta para um desfile de vitória, disparo por entre dois carros estacionados na rua.

Uma miragem marrom e me acerta o para-choque.
Me joga no chão.
Minha suavidade um disparate
de encontro à estrada.

"Levanta, levanta"

O rosto assustado do motorista é um pânico congelado.
Alguém me pega no colo, corre para a casa dos meus pais.
Crianças nos seguem, como o Flautista de Hamelin,
Sou carregada da cozinha para o corredor.
Tentando localizar os gritos de minha mãe
Desencontramo-nos nos cômodos.

O médico local é sucinto.
"Não quebrou nada, está tudo certo com você."
E aqui começa.
O primeiro caso de desdém médico e
Pouco-caso.

Dói por dias, lá no fundo,
mas sem cortes ou cicatrizes permanentes. Uma selva no quebra-
-cabeça, um presente de "melhoras".
Começo das beiradas e vejo hematomas aparecerem
como vitórias-régias na pele.

Há décadas, médicos tentam resolver o enigma dos meus ossos
         [e perguntam:
"Você já sofreu alguma queda ou acidente?"
Concordo com a cabeça, embora não seja a resposta para a
         [pergunta que fazem.

Espalha, Irradia, Penetra, Atravessa

Cistos mamários

De todas as palavras para dor, aqui estão as mais verdadeiras:
Ela Espalha, Irradia, Penetra, Atravessa
Uma queimadura ou a carne flechada de São Sebastião.

Na clínica de mastologia, mulheres com rostos pálidos assistem
aos noticiários. Criadas de vestidos azuis. Matriarcas da mastectomia.
Esperando que nomes sejam chamados no ar esterilizado.
Granular é uma palavra nova. De cereais, grãos de areia, salinas,
saibro da montanha.
Poeira lunar e rocha espacial, cinturões de asteroides sob a carne.

A nitidez surpreende. Eu esperava um suave embotamento no meio de toda aquela carne dos meus peitos.
O ultrassom mostra círculos de carvão, não-planetas.

Por favor, não vai ser câncer.

Uma agulha introduz-se, a picada da penetração
Orbes escuros se liquefazem, uma inundação fétida
preenchendo a seringa.
Nódulos ainda à espreita,
mas eu conheço
Cada cratera e buraco negro,
Cada centímetro do sistema solar do corpo.

**Apertado, Entorpecido, Apertando,
Desenhando, Rasgando**

Ponto lateral

Saudades da pontada
Na costela
Por correr rápido demais
Aos oito, ou talvez dez anos, uma névoa.
Pulando cercas-vivas, a grama alta
Uma trilha sonora triunfante nos ouvidos.
A ardência significava vitória.
Numa corrida tão distante quanto luvinhas e dentes de leite.

Fresco, Frio, Congelante

Dano neural

Há, em minha pele,
partes que nunca se esquentam,
como se estivessem à sombra de uma árvore
num dia quente.

Os nervos formigam e funcionam mal.
Um bisturi errante
Oferece um beijo de lâmina.

Aborrecida, Dá náusea, Agonizante, Pavorosa, Torturante

Trabalho de parto

Datas marcadas para ambos os partos,
Sem isso de esperar para ver,
Ou espontaneidade.

Era o que eu pensava.

Ambos prematuros,
As contrações em enxurrada,
Depositando dores como troncos às margens
Meu filho deitado sobre minha espinha,
Ou talvez se escondendo atrás dela.
As contrações da minha filha
Começaram com semanas de antecedência.
Um cabo de guerra. Entorpecimento.

Tão ruim quanto disseram.
A raquianestesia gelada
de entrada.
Minha barriga partida
Como para um banquete.
Minha obstetra dirigiu 250 quilômetros
para receber você.

"Seus bebês sempre têm pressa", diz ela.

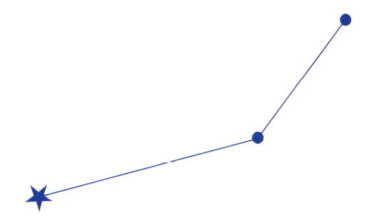

A ferida emite luz própria

A ferida emite luz própria,
dizem os cirurgiões.
Se todas as lâmpadas desta casa se apagassem
você poderia tratar desta ferida
com o brilho que dela irradia.

Anne Carson, *The beauty of the husband*
[A beleza do marido, em tradução livre]

A doença é um posto avançado: lunar, ártico, difícil de alcançar. Local de uma experiência inenarrável e nunca totalmente compreendida por quem teve a sorte de evitá-la. Minha adolescência foi cheia de hospitais e de consultas, datas circuladas em calendários indicando cirurgias. A chegada de objetos desconhecidos sob a pele. Essa versão defeituosa de mim era um lugar novo e traiçoeiro. Eu não o conhecia, não falava sua língua. O corpo doente tem seu próprio impulso narrativo. A cicatriz é uma brecha, um convite a perguntar: "O que aconteceu?". Então contamos sua história. Ou tentamos. Não com a voz do dia a dia, não, não seria suficiente.

Para escapar de doenças ou de traumas físicos, algumas pessoas recorrem a outras formas de expressão. Parece-lhes uma necessidade.

Constelações

A doença tenta diminuir quem sofre, mas resistimos a ela, contendo sua expansão. A tentativa de pacientes de compreender a própria situação é semelhante à aplicação de um torniquete. A arte, para algumas pessoas, torna-se uma fonte de distração, um foco bem-vindo para estancar o tédio que essa nova vida de paciente traz. Senti o empuxo gravitacional de escritoras e pintoras, de pessoas que contavam as histórias de suas doenças, que transformavam seus corpos danificados em arte.

★

Aos dezoito anos, um acidente de ônibus mudou a vida de Frida Kahlo para sempre. Mais tarde, ela diria: "o corrimão me trespassou como a lança espeta o touro". A explosão arrancou-lhe as roupas. Um outro passageiro, possivelmente um decorador, levava entre seus materiais de pintura um saco de pó dourado que estourou com o impacto, caindo como uma chuva sobre Kahlo, já nua e coberta de sangue. Seu então namorado lembra que as pessoas que assim a viram gritaram "*la bailarina, la bailarina!*". O dourado misturou-se ao rubro de seu corpo ensanguentado e acharam que ela era uma dançarina, com seus membros decorativamente retorcidos entre os destroços. Os primeiros cirurgiões responsáveis por tratá-la não acreditaram que ela sobreviveria às lesões – fraturas de pelve e de clavícula, costelas quebradas, perna e pé mutilados. Sua coluna vertebral estilhaçada em três lugares, um tríptico de osso.

Ao longo de sua vida, Kahlo passou por mais de trinta cirurgias, incluindo a amputação de sua perna na altura do joelho. Ter que lidar com poliomielite na infância já teria sido difícil o suficiente, mas o acidente e seus efeitos foram catastróficos, e sua dor, crônica. Kahlo casou-se com Diego Rivera em 1929, quando tinha vinte e dois anos, e ele, quarenta e dois. A conexão entre eles tinha como base a arte e a política, a volatilidade e a atração. Apesar de todo o apoio profissional e da natureza onfálica de seu vínculo, Rivera não conseguia colocar-se no lugar de Frida, cujo sofrimento era só seu. A dor, ao contrário da paixão, não admite comunhão com outro ser, não oferece fragmentos a compartilhar.

Encontrei Frida durante minha adolescência em hospitais. Nossos problemas de saúde eram muito diferentes; os dela eram debilitantes em um grau que me aterrorizava. Eu não ousava equiparar o meu sofrimento ao dela, mas nossa experiência parecia aparentada.

Naquela época, e mesmo agora, meu corpo raramente para de doer. Viver com dor é ter uma vida dispersa, em que todo pensamento fica em segundo plano em relação à fonte daquilo que faz sofrer. A dor é a lembrança da existência, beirando o cartesiano. *Sentio ergo sum*: Sinto, logo existo. Outras traduções sugerem *patior ergo sum*: Sofro, logo existo. No entanto, a experiência física resiste às palavras, recusa-se a residir nas letras, que ficam aquém. Virginia Woolf, em *Sobre estar doente*, escreve:

> Por fim, para prejudicar a descrição da doença na literatura, há ainda a pobreza da língua (...) basta um padecente tentar descrever sua dor de cabeça para o médico que a língua seca. Não há nada pronto à sua disposição. Ele se vê obrigado a cunhar palavras por conta própria e, tomando em uma das mãos a dor e na outra um naco de puro som (...), amassá-los de tal modo que dali brote uma palavra novíssima. (Trad. Ana Carolina Mesquita e Maria Rita Drumond Viana)

Minha admiração por Frida Kahlo sempre foi por sua obra: a transferência de sua vida para as telas, a autorreflexão, o engajamento com os tabus da doença e do corpo feminino. Fui, em 2005, a uma grande retrospectiva de suas pinturas na Tate Modern, em Londres. Caminhar de sala em sala era confrontar várias versões de Frida, suas multiplicidades: como artista, como mulher, como paciente.

Em cada parede, havia uma Frida diferente. Enraizei-me de frente a sua pintura *A coluna partida*, em que um enorme rasgo atravessa o torso de Kahlo, revelando sua espinha fraturada. No lugar de osso, mostra-se uma coluna grega jônica, indicativa do estoicismo de Kahlo. Centenas de pregos cravam todo o seu corpo e lágrimas banham seu rosto. A pintura não é apenas uma representação da dor: é o epítome físico dela.

Sempre que a vejo quase estremeço, cúmplice da sensação que evoca. Kahlo desejava ter filhos com Rivera, mas seu corpo, danificado pelo acidente de ônibus, não conseguia dar à luz. Sua primeira e terceira gestações terminaram em abortos cirúrgicos devido aos riscos para sua saúde e, em 1932, sua segunda gravidez foi interrompida por um aborto espontâneo. O corpo comprometido de Kahlo conspirava contra ela, negando-lhe não apenas a saúde, mas também a chance de ser mãe. *Hospital Henry Ford*, *Frida e o aborto* e *Frida e a cesárea* (*inacabada*) foram pintadas em 1932. Arte e maternidade tornaram-se mutuamente exclusivas, mas a maternidade – espectral e irrealizada – ressurge nas telas. Na história de seu corpo, o materno fica à espreita, às margens da moldura.

Os ossos retorcidos, o senso de identidade diminuído: conectei-me com Kahlo. Todas as noites antes das cirurgias, depois de cada embaçamento do pós-anestésico, a cada agulhada, corte e punção, eu pensava nela. A sensação de um corpo que se recusa a cumprir sua parte do trato. Em 2018, vi outra exposição de Frida, mas essa, no também londrino Victoria & Albert Museum, focava em objetos de sua vida. Havia frascos de esmalte e cremes faciais, roupas e livros. Eu, na verdade, fui para ver os detritos de sua vida médica. A exposição tinha uma iluminação baixa, suas pequenas salas lotadas. Virando uma esquina, de repente deparei com uma caixa de vidro com suas órteses de gesso e cintas cirúrgicas. Inesperadamente, senti o choro chegando. Essa era a realidade da vida de Kahlo, os objetos que a ajudavam e a confinavam. Essenciais, mas também fonte e símbolo de seu sofrimento. Minha mente resgatou a imagem do meu próprio engessamento, muitos anos antes: de sentir-me angustiada e imóvel, questionando quão permanentes seriam os efeitos daquela situação.

Em muitos de seus autorretratos, Frida se mostra como alguém perfurada, penetrada ou talhada. São imagens das quais ela não se esquiva e que, por vezes, aparecem também em versões zoomórficas de si mesma. Em O *veado ferido* (1946), ela é um animal perfurado por flechas. No canto inferior esquerdo da pintura, nota-se a palavra "carma". Num primeiro momento, fiquei confusa com a presença dessa palavra. Era impossível conceber que Frida achasse que merecia sua dor ou que sentisse que estava sendo punida por algo. Mas talvez essa minha suposição partisse de um entendimento de carma como causa e efeito, um ajuste de contas e reencarnação, quando o conceito também pode aludir a ação e a trabalho. Como se Kahlo tivesse escolhido levar uma vida artística ativa a partir das limitações de sua adversidade. Eu penso naquela palavra – uma das poucas que aparecem nas pinturas de Kahlo – como um testemunho. Aceitação do que ela não pôde mudar. Com sorte, a doença é um carro que sai da estrada e cai, sem causar maiores danos, em uma vala. Você abre a porta, um pouco grogue, e vai embora. Quando a sorte te abandona, o carro despenca do penhasco e rola ribanceira abaixo. Uma explosão laranja de combustível e de metal contorcido.

Em 1925, após o acidente de ônibus, os médicos engessaram todo o corpo de Kahlo para ajudar a consolidar seus ossos. O gesso tinha função médica, mas era, para Frida, uma prisão. Entediada e confinada, ela começou a pintar. Incapaz de se sentar, pediu a sua mãe que comprasse um cavalete especial; posteriormente, um espelho foi colocado acima de sua cama para que pudesse se pintar. O gesso ortopédico é uma forma de tampar o corpo. Kahlo tentou capturar o eu que estava escondido por baixo. Durante os meses em que fiquei encerrada em meu gesso pélvico-podálico, imaginei-me em um túmulo, mas Frida viu possibilidades em seu engessamento. Tudo o que foi feito ao corpo de Kahlo revela-se em sua obra. Ela decorou o gesso e pintou um belo dragão em sua prótese vermelha de perna, o mais próximo que chegou de usar seu próprio corpo como tela.

★

Em inglês, a palavra *stillness* [quietude] também contém *illness* [doença]. Meus anos acamada transformaram-me em uma leitora voraz. Os livros tornavam mais suportável ter que ficar dentro de casa e incapaz de me mover. Nos meses após o acidente, Kahlo refugiou-se na pintura – mas e se a colisão não tivesse acontecido? E se Frida estivesse em outro lugar no dia do acidente, será que ela ainda assim teria se tornado pintora? Seu plano, antes de descobrir a arte, era formar-se médica.

A imobilidade é como gasolina para a imaginação: na convalescença, a mente anseia por espaços abertos, becos escuros, pousos lunares. Suas pinturas são lições sobre pânico corporal e o corpo em perigo, uma forma de comunicar a dor àqueles que não a conhecem. A doença e a arte podem ser subjetivas, mas, ao encontrar as pinturas de Kahlo pela primeira vez, vi representado exatamente o que eu sentia de uma maneira que meu eu adolescente não conseguia descrever.

Durante todos os anos em que pintou o enigma de seu corpo, sua fragmentação, sua infertilidade, Kahlo nunca retratou os detalhes da cena de seu acidente. Nunca a carnificina, o despedaçar de ônibus e ossos. O resultado também só foi representado uma vez, em uma litografia rudimentar intitulada *O acidente*. Rivera e Kahlo colecionavam ex-votos mexicanos – pequenas pinturas oferecidas aos santos como agradecimento por sobreviver a doenças, ferimentos ou à morte. Frida pintou por cima de um ex-voto que continha uma cena de acidente de ônibus, alterando o destino da placa para

"Coyoacán" e o rosto da vítima ao chão, acrescentando suas próprias feições, monocelha incluída.

Sua pintura *O ônibus* (1929) a retrata ao lado dos outros passageiros, antes do acidente, capturando o momento imediatamente anterior a sua vida mudar para sempre, o momento antes de sua quase morte, os últimos momentos de uma vida que poderia ser sem dor. Quando observo sua obra, fico impressionada com a maneira como a linguagem do corpo, com todo o seu calor e movimento, entra em choque com o mundo médico da ciência. Para Frida, nenhuma palavra era suficiente. Eram todas muito parcas ou genéricas. Na doença, é difícil encontrar as palavras certas. A coleção de poemas *Of mutability* [Da mutabilidade] foi escrita em 2010, depois que Jo Shapcott recebeu seu diagnóstico de câncer de mama. A palavra "câncer" não aparece em sequer uma de suas páginas, mas o livro é dedicado à equipe médica de Shapcott. As palavras podem nos falhar e falharam com Frida, não conseguiam dar arreio ao que ela queria dizer. Para ela, a pintura – e não a linguagem escrita – era a mídia para a sua agonia.

★

Quando a perda de saúde começou a dominar a vida de Lucy Grealy, ela mergulhou na linguagem – poemas, ensaios – para expressar sua situação. Nascida em 1963 na Irlanda, mudou-se para os Estados Unidos com sua família para se tratar. Ela tinha recebido, aos nove anos, o diagnóstico de sarcoma de Ewing, um câncer facial raro que levou à remoção da maior parte de sua mandíbula e a três anos de quimioterapia e radioterapia. Aos vinte e poucos anos, Grealy já estava próxima de ser premiada como escritora e já havia passado por cerca de trinta cirurgias (como Kahlo). As cirurgias, feitas uma após a outra, eram como uma batalha, uma luta com seu próprio rosto. A regularidade com que os médicos a abriam com bisturis, retiravam ossos e enxertavam pele cobrou um preço. Era algo altamente invasivo e, como o local da doença era o rosto, não havia possibilidade de privacidade. Ela não tinha como esconder essa parte de si do mundo, ao contrário de uma coluna ou de uma perna. Seu rosto, suturado e coberto de cicatrizes, estava em constante exposição. A doença era um fardo, a deformidade era inevitável, mas esse não era o pior aspecto de sua experiência. Em uma entrevista, Grealy admite com sinceridade: "Foi a dor de me sentir feia que sempre considerei a grande tragédia da minha vida. O fato de ter câncer parecia insignificante em comparação".

A confiança em sua escrita contrastava com a insegurança provocada por seu rosto pós-cirúrgico. *Autobiography of a face* [Autobiografia de um rosto] foi também o único livro que falou comigo direta, intensa e profundamente sobre o constrangimento que a doença física traz, especialmente quando se é jovem. Grealy evoca o aspecto físico das cicatrizes, da imperfeição, mas também captura o isolamento – a solidão – da doença. Ela recorda que ninguém – médicos, professores, sua família – jamais a perguntava sobre o que ela estava passando ou como se sentia.

Em sua obra, Grealy examina suas cirurgias sob todos os ângulos. As intervenções médicas e a preparação de um corpo para ser aberto envolvem contato, toque, uma interação com a equipe médica, de enfermagem, da recepção: são um tipo de transação, uma troca. Algo invasivo para muitos pacientes, mas que, para Grealy, torna-se uma forma de conexão, de aceitar ajuda e um meio de receber atenção. "Foi com um pouco de vergonha que aceitei o conforto emocional de cirurgias: afinal, ter que ser operada era algo ruim, não era? Havia algo de errado comigo por considerar o bálsamo de receber esse cuidado?"

Talvez a literatura ofereça mais resguardo que a arte visual – existem milhares de palavras com que se cobrir. Na escrita, ao contrário da pintura e, especificamente, da obra de Kahlo, quem escreve não tem que expor seu corpo. As palavras são folhas de figueira, um tapa-sexo para a nudez do corpo doente. Frida usava principalmente tinta a óleo e aparentemente não deixou de explorar nenhuma parte de seu eu físico nas telas. Será que a pintura ou a escultura permitem um maior distanciamento de si que a fotografia?

A forma do autorretrato moderno evoluiu: os meses de trabalho dedicados a uma pintura a óleo são agora acelerados na *selfie*. Será que Kahlo rejeitaria a natureza instantânea dessas imagens? A ideia de que uma foto, tirada em um segundo, não teria como representar meses de dor? Que talvez as camadas de tinta a óleo e as sucessivas pinceladas pudessem encerrar melhor a experiência. Mas Kahlo também escondia o corpo usando roupas coloridas, muitas da região matriarcal de Tehuantepec, no México. No desenho de 1934, *As aparências enganam,* ela retrata um eu translúcido, seus ferimentos visíveis sob o traçejado do vestido. "Tenho que usar saias rodadas e compridas agora que minha perna doente está tão feia", dizia.

Penso na longa lista de roupas que evitei quando mais jovem. Qualquer coisa que fosse apertada ou curta; tecidos que grudassem no corpo, que acentuassem meu andar torto, o detestado coxear. Inevitavelmente, minha perna encurtou ainda mais com a idade. Aconselharam-me a incluir plataformas aos sapatos que tenho para combater a disparidade de comprimentos, para compensar a dor diária na coluna. Todos se escondem, às vezes, talvez para proteger o eu que oferecemos ao mundo, resistindo aos adereços que se tornam necessários para viver. No fim, todos buscamos abrigo.

★

Ao usar seu corpo como tema, a fotógrafa Jo Spence (1934-1992) foi incisiva. A decisão de apontar as lentes para si mesma estava diretamente ligada a sua saúde. Após um diagnóstico de câncer de mama, Spence fez disso seu tema, o centro de sua obra, documentando seu corpo antes e depois de cirurgias. Na série colaborativa com o artista Terry Dennett, intitulada *The Picture of health?* [A cara da saúde?] (1982-1986), há uma imagem específica que faz meu coração disparar, até hoje.

A fotografia foi tirada na enfermaria de um hospital, a uma pequena distância, na altura do olho de uma paciente, provavelmente a própria Spence, a alguns leitos de distância. A câmera está apontada para um grupo de médicos amontoados ao redor da cama de uma paciente. Em trajes médicos, uniformemente brancos, indistinguíveis uns dos outros. Vê-se apenas um tropel, não os indivíduos que o compõem. A união faz a força, mas, em um cenário hospitalar, grandes números podem ter o efeito contrário. O resultado da composição é ameaçador. Em um espaço tão confinado, ter estranhos flanqueando sua cama é sufocante. Não há privacidade, raramente, saudações. Quem fala o faz de forma brusca e quem não fala apenas encara. Impassíveis, comprometidos com a narrativa médica que está sendo exposta. "A paciente tem X e evoluiu para Y, que está sendo tratado com Z." Essas visitas em equipe assustavam-me muito. Sentia-me examinada e sem voz, um espécime no frasco. Estava ali, presente, mas ninguém me convidava para fazer parte da discussão. Na foto de Spence, o grupo inteiro é composto de homens.

Em *Cancer Shock* [Choque de câncer], Spence descreve um desses encontros com o médico:

> Uma manhã, enquanto lia, fui confrontada com a realidade aterradora de um jovem médico, seu jaleco branco e toda uma comitiva de estudantes de pé, ao lado de minha cama. Consultando o prontuário, sem apresentar-se, curvou-se sobre mim e começou a marcar com canetinha uma área da carne acima do meu peito esquerdo. Enquanto ele traçava, minha mente lampejou-se de toda uma série de imagens caóticas. Como se eu estivesse afogando. Ouvi então esse médico, que eu nunca tinha visto antes, esse assaltante em potencial, dizer que minha mama esquerda teria de ser removida. Da mesma forma,

ouvi-me responder: "não". Incredulamente. Rebeldemente. Repentinamente. Raivosamente. Agressivamente. Pateticamente. Sozinha. Em total ignorância.

Spence é mais conhecida como fotógrafa, mas também usava palavras, picotando jornais para criar montagens. *Cancer Shock* é um romance fotográfico que inclui imagens de seus medicamentos e de suas feridas cirúrgicas. Ela tanto resistia quanto assimilava as representações médicas de si mesma em sua obra, declarando querer fazer "um registro do corpo mutilado em um estilo médico, pontiagudo e austero". Spence veementemente dizia ao seu público – e aos médicos – que, embora as operações e biópsias fossem necessárias, seu corpo lhe pertencia. As imagens são uma tentativa de manter o controle e reivindicar sua agência.

Conectei-me com sua missão desde a primeira vez que me deparei com sua obra, em 2012, na Irlanda, como parte de uma exposição coletiva intitulada *Living/Loss: The Experience of Illness in Art* [Vivendo a perda: a experiência da doença na arte]. Escrevi um artigo sobre a exposição, e minha própria vida acabou por infiltrar-se nele. Percebo agora que se deu ali o início de uma autoinvestigação da minha doença, em grande parte motivada pelas imagens de Spence. *The Picture of Health?* [A cara da saúde?] inclui uma de suas fotografias mais famosas: tirada na noite anterior a uma lumpectomia, Spence está de pé, nua da cintura para cima, sem expressão, mas olhando diretamente para a câmera. Em seu seio esquerdo estão as palavras e o ponto de interrogação, insistente e absolutamente necessário: "Propriedade de Jo Spence?". Inabalável, ligeiramente ameaçadora, mas cheia de dignidade.

Atos de resistência parecem naturais para Spence, que nunca se intitulou artista, preferindo sua própria definição de "franco-atiradora cultural". Borram-se as linhas que separam público e privado, sujeito e objeto. Assim como Cindy Sherman, Spence faz de sua obra uma autobiografia fotográfica, mas, enquanto Sherman se veste toda e recria versões exageradas da feminilidade, Spence se despe, desbastando-se em uma mulher real e sem adornos, lidando com a doença. Sua obra é uma anticamuflagem, uma antivitimização. Tornar-se uma estatística no sistema público de saúde a reificou e a desumanizou, mas também a inspirou a reagir. "Por fim, comecei a ver o corpo como um campo de batalha", escreve.

Dentro de uma cultura patriarcal, é difícil para a artista não ser assimilada: fetichizada, feminizada, sexualizada. Mais recentemente, Kahlo foi imortalizada como uma boneca Barbie: sua pele mais clara, seu corpo simétrico, sua deficiência – e etnia – retocadas. Logo antes da exposição no Victoria & Albert, uma jornalista escreveu: "Seus autorretratos são decorativos, mas nunca intricados. Como qualquer grande marca, ela tem uma imagem quase infantil em sua simplicidade", fazendo uma comparação entre suas famosas sobrancelhas e o símbolo da Nike. Essa cooptação de Kahlo ignora de propósito a representação fundamentalmente radical que ela faz de si mesma e de sua identidade na sua obra.

Uma motivação importante para muitas artistas e especialmente para Spence é a visibilidade. Quando pessoas não se veem representadas na cultura, há uma urgência na necessidade de se criar esse espaço. Como mulher em processo de envelhecimento, doente, vinda das classes mais baixas, Spence ansiava por essa representação. Uma versão da arte que fosse para ela e para mulheres como ela. Com Rosy Martin, Spence trabalhou em uma série chamada *Phototherapy* [Fototerapia], em que combina ideias cômicas e feministas como uma oportunidade para curar-se de aflições físicas e de traumas passados. É uma obra provocativa, mas que inclui algumas das imagens mais divertidas de Spence, como uma dona de casa de chupeta na boca e como Rosie, a Rebitadeira, prestes a fumar um cigarro. Mesmo para lidar com os assuntos mais sérios – a moral, o trauma –, Spence às vezes escolhia o humor.

Assim como penso em Kahlo antes de cada uma das minhas cirurgias, as fotografias de Spence surgem em minha mente: o círculo fechado de médicos, a escrita na carne. De volta a uma enfermaria movimentada, medicada, vestida com a conhecida camisola de hospital, uma enfermeira chega para marcar com canetinha (tinta preta ou azul?) a minha pele. Um "E" dentro de um círculo para identificar a perna correta. Marcas temporárias precedem os pontos que um dia vão desbotar, mas nunca desaparecem. Penso nesse ato como uma espécie de processo artístico: a arte como instrução e orientação. No ano passado, antes de uma mamografia, ultrassom e aspiração com agulha, um médico desenhou círculos ao redor dos cistos em meus seios. Na tela, pareciam pedras de granizo ou cometas.

★

Ao explorar a escrita de Lucy Grealy, há uma sensação de abraçar o excesso, de nunca se conter ou se afastar do inconfrontável. Em Kahlo, há quietude e posturas rígidas e eretas, mas em Spence há energia e movimento.

Em *I Framed My Breast for Posterity* [Emoldurei meu seio para a posteridade], Spence não está no hospital, mas em sua casa, cercada por objetos familiares, lembrando-nos instantaneamente de como a doença está invadindo sua vida cotidiana. Spence está no centro da imagem e, a sua esquerda, vemos uma foto de um grupo de trabalhadores, todos homens. Ela está nua da cintura para cima, exceto por um colar e a atadura que suporta a mama esquerda como uma tipoia. A moldura de madeira é proposital, segurada sobre o peito, tornando-o o foco de toda a cena. Spence está nos dizendo – nos *mostrando* – que seu eu físico não é uma coleção efêmera de pele e células, mas algo que, por meio de sua arte, se torna uma obra imortal e que perdurará. Durante aqueles anos de cirurgias no quadril, diversas vezes busquei esconder meu corpo. Já Spence expôs o dela com confiança, tornando-o um testemunho de si mesmo.

    Kahlo morreu em 1954, aos 47 anos, um ano depois de sua perna ter sido finalmente amputada. Spence, em 1992, de leucemia (o mesmo tipo que a minha?). Grealy, que tinha se tornado dependente de analgésicos, uma década depois, aos 39 anos, de uma overdose de heroína. Representar um diagnóstico – na pintura, em palavras ou por fotografias – é uma tentativa de nos explicar o que aconteceu, de desconstruir o mundo e reconstruí-lo a nossa maneira. Talvez dar forma à doença que mudou nossa vida faça parte da recuperação. Mas também é preciso encontrar uma forma que seja específica para si. Kahlo, Grealy e Spence foram como luzes na escuridão para mim, como que me norteando. Uma constelação triangular. Para mim, elas mostraram ser possível viver uma vida criativa em paralelo, uma vida que ofuscasse aquela de paciente, empurrando-a para os cantos do palco. Que era possível ter uma doença, mas não *ser* a doença. Elas conectaram o mundo privado (isolado) de doentes à esfera pública da possibilidade criativa. Aquele verso de Anne Carson, "a ferida emite luz própria", exemplifica o que essas três artistas fizeram: ao tomar todas as partes de si, fraturadas pela cirurgia, é possível rearranjá-las: fazer das feridas a fonte da inspiração, não o seu fim.

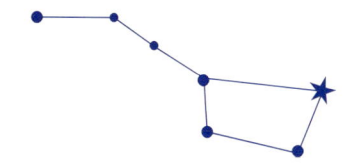

Doze histórias de autonomia corporal
(para as doze mulheres que partiam todos os dias)

Até 2018, era impossível falar sobre o corpo na Irlanda e não discutir o aborto. É especialmente difícil evitar o assunto quando se é uma mulher que escreve sobre o corpo e o que ele pode enfrentar e suportar. A experiência de um corpo, da vida de um indivíduo, é um arco existencial: um conjunto solitário de circunstâncias que afetam apenas aquela pessoa. Antes do referendo de 2018, a Irlanda não via a pessoa como um ser distinto. A legislação baseava-se em leis genéricas, cobrindo todas as mulheres com as mesmas restrições legais. Até os resultados do referendo entrarem em vigor, nenhuma mulher na Irlanda podia obter uma interrupção médica sem que fosse atendido um conjunto de parâmetros muito específico e restrito. Em muitos desses cenários, sua solicitação poderia, ainda assim, ser negada. Outra pessoa, alguém que não estava vivendo uma gravidez indesejada ou em crise, decidia o que era melhor. Para quem não é uma mulher irlandesa, faz-se necessário mais contexto, porque essas situações não surgem do nada, essa massa imponente de controle e de restrição.

No ano de 1983, deu-se um referendo sobre o aborto cujo efeito prende seus tentáculos em todas as votações e debates subsequentes. Votou-se pela inclusão de uma cláusula – a 8ª Emenda – na

Constituição, dando o mesmo direito à vida para a mãe grávida e o feto, fosse ele um embrião de uma semana ou próximo ao limite de viabilidade de 23 semanas, tornando-os não apenas fisicamente, mas legalmente umbilicais. Pense naqueles primeiros dias e semanas, no estágio de um bolo de células, o estágio em que ainda nem se é um bebê. Essa lei impactou a vida de muitas meninas e mulheres. Desde 1980, mais de 150.000 mulheres partiram da Irlanda para buscar o aborto. As divisões entre o corpo e o útero tornaram-se indistintas, um vaso dentro de um vaso. O corpo físico não pertencia totalmente a sua dona caso o útero dentro dele contivesse uma gravidez indesejada ou não planejada. Há todo tipo de gente pronta para fazer fila e lembrar as mulheres disso.

Era julho de 2017, em uma rua de Dublin, e centenas de pessoas estavam marchando. A demografia impressionava: eram principalmente homens e mulheres velhos, que franziam o rosto com raiva dos manifestantes pró-escolha que se enfileiravam na rua, contrapondo-se a eles. Um velho na calçada gritava "Assassinas!" para as mulheres. A marcha, organizada por um conglomerado de grupos antiaborto, era nomeada "Manifestação pela vida". Empunhando cartazes afirmando "amar a ambos" – mãe e feto –, aquele era um grupo de pessoas com medo, mas não devido a seu entendimento da morte do "nascituro". E o uso da definição de "nascituro" é importante. O movimento antiescolha sempre igualou "feto" a "bebê", mas usa a imprecisão do termo "nascituro" politicamente, uma síntese que não chega nem perto de capturar as complicadas especificidades de cada gravidez.

Em meio aos estandartes da Virgem Maria (padroeira da humanidade, não da castidade ou da virgindade) e de Nossa Senhora de Guadalupe (padroeira dos nascituros), continuam rua abaixo, uma relíquia coletiva do passado. Não é uma questão de idade – muitos de seus contemporâneos são pró-escolha –, mas eles representam uma cápsula do tempo, de volta aos anos 1950 e seus pronunciamentos sobre a vida das mulheres. Apesar de toda a sua religiosidade, a falta de compaixão pelas mulheres grávidas é de tirar o fôlego.

O mais santo dos fiéis não vê nada de errado em empunhar pôsteres com imagens explícitas ou dizer às mulheres que elas vão para o inferno. Tal multidão é uma representação raivosa de uma mentalidade que, por décadas, opôs-se à contracepção, resultando em milhares de gravidezes indesejadas. Gravidezes que foram uma pedra de moinho para gerações de mulheres jovens, atiradas coletivamente ao mar com bebês "ilegítimos", envergonhadas por toda sua vida e enviadas à força para lavanderias de Madalena e casas de mães e bebês, instituições controladas pela Igreja Católica. Nessas pseudoprisões, eram mercantilizadas tanto mãe quanto criança. Os recém-nascidos irlandeses eram moeda corrente; removidos contra a vontade de suas desnorteadas jovens mães e adotados ou vendidos. Essas mulheres eram uma fonte adicional de remuneração para freiras e lares de idosos particulares, que as matavam de trabalhar para seu próprio lucro. "Entrem, meninas! Tomem aqui o macacão de seu uniforme e entreguem logo seus bebês!"

★

Alguns anos atrás, participei de um festival literário e li trechos de minha obra, tanto de ficção quanto de não ficção, que faziam referência ao aborto. Depois, durante a sessão de perguntas, outra escritora da mesa-redonda – uma ex-nova-iorquina inteligente e engraçada – me diz que sou uma escritora política. "Ah sou?" Nunca pensei nisso e, em resposta à minha surpresa, a escritora pensa que estou ofendida (nem estou). Me pergunta se rejeito essa ideia (não rejeito mesmo) ou se os temas anatômicos da minha escrita se conectam à política do corpo. O que é bem óbvio que sim. Não importa o que ou como se escreve sobre o corpo feminino – desde sua reprodução a sua sexualidade, da doença à maternidade –, ele é politizado. Mulheres são reduzidas ao meramente físico: fica mais fácil desconsiderá-las assim. Decidir, governar e legislar por elas. Mas as coisas estão mudando. Nosso bando aumentou; nossas vozes estão mais altas. Na preparação para a campanha do referendo, amigas minhas foram a público com histórias de seus abortos, para mostrar a realidade e o impacto que a decisão teve em suas vidas.

★

Era 8 de maio de 2018, dezessete dias até o referendo do aborto, e eu estava parada na porta da casa de estranhos. Em algum lugar lá dentro, um cachorro latia sem parar. Respirei fundo e esperei que os contornos de alguém aparecessem por trás do vidro fosco. Estava angariando votos antes do referendo no final daquele mês. De pé diante da porta, como muitas que visito naquela noite, a ocupante disse que votaria "Sim". O único "Não" resoluto foi de uma jovem que disse que aborto era assassinato.

"Mesmo que a vida da mãe esteja em risco?", pergunto.

"Deus é bom. Ele decidirá", ela responde.

Agradeci e segui em frente. Em outras noites, os "nãos" eram desanimadores, ainda mais quando vinham de mulheres. A maioria das minhas sondagens durante a campanha nessas ocasiões trazia um resultado esmagador para o "Sim", mas ninguém queria ser presunçoso com o resultado em 25 de maio.

★

Em 1992, a história de uma menina dublinense, grávida aos quatorze anos, dominava os noticiários. A situação – uma criança carregando outra criança – já seria assustadora e desconcertante o suficiente, antes mesmo de revelar-se o horror de aquela gravidez ter resultado de um estupro. Um homem de quarenta e poucos anos, conhecido de sua família, havia abusado sexualmente da menina durante anos. Pensei muito sobre essa menina. Tentava imaginá-la: tinha cabelo comprido ou curto? Tinha algum animal de estimação? Gostava de música? Seu rosto era pontilhado de sardas? Ela era, sem dúvida, pequena, mas sua pequenez não a protegia.

Diante dessa situação inenarrável, ela e seus pais decidiram pela interrupção – mas esta era a Irlanda: católica, tradicional, reacionária. O estupro foi denunciado à polícia e, após consulta sobre o teste de paternidade, sua família comunicou o desejo da menina de viajar ao Reino Unido para fazer o aborto. Assim que partiram, a polícia entrou em contato com o procurador-geral, que emitiu uma liminar com base na 8ª Emenda. Um recurso foi apresentado ao Supremo Tribunal pela equipe jurídica da menina, enquanto em Londres ela disse à mãe que queria tirar a própria vida. O Tribunal acabou suspendendo a liminar, permitindo que o aborto induzido prosseguisse, mas o estresse e o trauma das semanas anteriores foram demais para a menina e ela teve um aborto espontâneo.

Naquele mesmo ano, foi proposto então novo referendo com outras três emendas à Constituição. Eu tinha acabado de completar dezoito anos e era a minha primeira oportunidade de votar em algum tipo de processo democrático. A experiência foi tridimensional. Percorrendo-a em minha mente, havia tribunais e prédios cívicos, martelos e urnas, um x preto num quadradinho branco. Pessoas gritando com cartazes contendo imagens de fetos mortos. Aos sábados, no centro da cidade, elas coletavam assinaturas, ladeadas por aqueles mesmos cartazes do que pareciam ser cavalos-marinhos pigmeus, fragmentos de vida. As imagens são – como deveriam ser – imponentes e sinistras, olhos escuros no meio da carne difusa. Mas e essa garota de quatorze anos? Menos de uma década e meia mais velha que o feto. Eu pensava apenas nela: o medo, o horror da situação, o silenciamento de suas opiniões. Como é ser tratada tanto como adulta sexualizada quanto como criança, à mercê do Judiciário.

Como um sistema pode brutalizar e trair seus mais jovens cidadãos. E essa é a diferença entre a garota e as células que ela carregava. Personalidade. Cidadania.

A Irlanda desdenha de suas meninas. O Estado pode se opor e de fato se opõe ao que uma família/uma mulher/uma pessoa grávida acredita ser de seu interesse. Uma menina nascida não tem mais direitos do que um feto ainda não nascido. Dentro deste patriarcado em que vivemos, existe a crença, mesmo em casos como esse, de que alguém que engravidou foi, de alguma forma, conivente com o resultado; de que elas "sabiam o que estavam fazendo". Só conseguem se colocar no lugar de algo que não pode sobreviver fora do corpo de uma mulher.

★

Era maio de 2018 e uma semana antes do referendo. Todo mundo estava preocupado e cansado. Dublin parecia esfacelada e à beira de um precipício. Presidi um painel literário no condado de Longford, e a cidade estava repleta de cartazes com "Não". Os dois únicos "Sim" que vi foram vandalizados. O referendo não ficava ao largo de nenhum pensamento que eu tinha enquanto estava acordada. Todas as mulheres que conheço mal conseguiam dormir. Algumas confessavam cair em crises de choro sem motivo aparente. A admissão de uma parente de que votaria "Não" me soa como traição. Tivemos uma longa conversa ao telefone, ao final da qual ela me disse que havia mudado de ideia. Uma amiga escritora ouviu um grupo de rapazes de vinte e poucos anos conversando no trem. Um deles, cheio de arrogância, dizia que "não quer dar isso para elas", insinuando que as mulheres são arrogantes e pedem demais ao querer ter controle sobre seus corpos. Mas também havia outros homens: gentis e compassivos. A campanha e os folhetos estavam cheios deles, ao nosso lado, reconhecendo o que está em jogo. Todos nós desejávamos que chegasse logo o 26 de maio, com as urnas apuradas e a Irlanda finalmente admitindo que a lei precisava mudar.

★

Em 2012, Savita Halappanavar, de 31 anos, morreu em Galway após complicações decorrentes de um aborto espontâneo que virou uma sepse. Os trágicos detalhes da história – como era jovem e como piorou rapidamente – chocaram a todos. Quando ela implorou pela interrupção que teria salvado sua vida, uma parteira disse que não era possível, porque "este é um país católico". Sua morte foi cruel e evitável. Foi também quando a maré virou, fazendo mudarem de ideia muitos que anteriormente não se consideravam pró-escolha. Causou protestos e estimulou milhares de pessoas a pressionarem pela reforma da Constituição. O nome de Savita estava em todas as bocas em 2018. Seus pais exortavam o país a votar "Sim".

★

À medida que o referendo se aproximava, outras histórias sobre o sistema de saúde começavam a emergir. Uma delas trazia à tona casos de mulheres que foram submetidas a testes papanicolau de rotina no âmbito do programa nacional de saúde para prevenção do câncer de colo de útero. Acreditava-se que mais de duzentas mulheres teriam recebido resultados errados durante as triagens e que dezessete morreram após terem sido liberadas.

Como podemos pensar que os corpos das mulheres irlandesas não são políticos? Uma semana após o referendo, o presidente irlandês Michael D. Higgins convidou caravanas de mulheres para a *Áras an Uachtaráin* (sua casa presidencial). Mulheres sobreviventes das lavanderias de Madalena. Encarceradas pelo Estado e pelas ordens religiosas, obrigadas a trabalhar sem remuneração, humilhadas por estarem grávidas, por serem "decaídas" ou promíscuas. A história de subjugação das mulheres irlandesas é longa e complexa, ligada tanto ao passado quanto ao presente – e o peso dessa história recaiu sobre o referendo de 2018.

★

Na noite em que a Lei de Proteção à Vida Durante a Gravidez foi aprovada, em 2013, assisti à votação dentro do *Dáil*, a câmara baixa do parlamento irlandês. A lei descriminalizava o aborto quando a gravidez colocasse em risco a vida da mulher, incluindo o risco de suicídio, mas continha vários critérios rígidos para que a interrupção fosse realizada. No caminho para a sua sede na Leinster House, passei por uma grande multidão de manifestantes antiescolha. Surpreendentemente, muitos eram adolescentes e mulheres jovens. As mesmas moças que poderiam um dia se ver olhando ansiosamente para a janelinha do teste de gravidez com o coração palpitante.

Se o catolicismo delas era fervoroso e absoluto – abstinência até o casamento, nada de contracepção –, o que fariam se se deparassem com uma gravidez não planejada, seja qual for o motivo? Em 2018, pós-referendo, pensei naquelas meninas, berrando do lado de fora dos prédios do governo com suas camisetas "O aborto interrompe um coração que bate". Será que ainda abominam a ideia da interrupção? Será que obedientemente levariam a cabo uma gravidez indesejada, mesmo depois de a lei ter mudado? Os grupos que elas representam sempre argumentaram que a questão é moral ou religiosa. Que Deus e a boa moral são razões suficientes para forçar o nascimento de uma nova pessoa. O aborto nunca é visto como apenas uma questão de saúde pública, e, sempre que a campanha antiescolha fala sobre gravidez e feto, o peso da discussão recai sobre o nascituro, não sobre a saúde da mulher. Seu corpo é secundário.

Há sempre o argumento histórico. Que a Irlanda era um lugar muito diferente no passado, embora a 8ª Emenda tenha sido introduzida apenas um quarto de século atrás, uma quantidade de tempo tão curta que podemos estender a mão e encostar nela. Os anos seguintes ao referendo testemunharam a adolescente Ann Lovett morrer em uma gruta durante o parto; Eileen Flynn ser demitida de seu emprego como professora por estar grávida sem estar casada com o pai; e o caso dos Bebês de Kerry, em que Joanne Hayes foi acusada de assassinar seu filho natimorto (em parte porque ela também era solteira).

Para fortalecer esse medo das mulheres e mantê-las forçosamente sob controle, nossa Constituição ainda contém uma cláusula, o Artigo 41.2.1, sobre o lugar das mulheres no lar. ("O Estado reconhece que, por sua vida dentro do lar, a mulher dá ao Estado um sustento sem o qual o bem comum não pode ser alcançado" e "O Estado deve, portanto, oferecer condições para que as mães não sejam obrigadas, por motivos de necessidade econômica, a se envolver com o trabalho em detrimento de seus deveres no lar". Fala-se em um referendo para remover esse artigo.) A história pode ser culpada por atos cumulativos, mas, ao avançar, é dado como certo que esse movimento será em direção ao progresso. Em direção a fins mais democráticos, ideias mais socialmente liberais, que tradicionalmente vêm promovendo causas pela vida das mulheres. A Irlanda mudou – e está mudando –, mas isso não desfaz os danos e traumas infligidos às mulheres.

★

Na primavera de 2018, estava levando meu filho e minha filha à escola e eles me perguntam sobre os pôsteres de "Não" pendurados em todos os postes de luz. Sobre por que as pessoas estavam falando em assassinar bebês. Meus filhos – que são pequenos o suficiente para ainda não ter me perguntado de onde mesmo vêm os bebês – não deveriam ter que ver essas imagens perturbadoras. Vacilo entre o dissabor de ter a conversa e o intuito de não soar condescendente. Falo sobre as mentiras dos cartazes, sobre como é triste e complicado para as mulheres. Explico que vamos votar pelo direito à escolha e à saúde e por não tomar decisões pelas outras pessoas. Minha filha faz um pôster para pendurar em nossa janela: *Aqui não entra quem vota "Não"!* Em um dia de encontro das famílias no parque perto da nossa casa, meu filho encontra um homem que está distribuindo broches de "Não" e diz a ele que deveria votar no "Sim". Essas crianças, que antes eram imagens fetais em uma tela, agora estão cheias de opiniões e perguntas. Embora seja tudo muito complexo, elas estão ouvindo e compreendendo.

Os muitos casos que foram levados à justiça em nome do aborto se acumulam. X, C, D, outro D, A, B, Y, NP. Mulheres transformadas em letras. Faz-se isso por privacidade, especialmente porque algumas são menores de idade, mas trata-se também de um ato de apagamento. Mulheres são organizadas alfabeticamente e, como resultado, são anonimizadas. É mais fácil para quem se opõe aos desejos dessas mulheres negá-los quando a realidade de sua vida é representada apenas por uma letra. X, C e Senhorita D eram menores de idade – todas elas vítimas de estupro –, e seus casos foram julgados a portas fechadas.

D estava grávida de um feto com uma anormalidade fatal. Y era uma requerente de asilo estuprada em seu país de origem. Quando lhe foi recusado o acesso ao aborto e lhe disseram que a gravidez estava muito avançada, ela entrou em greve de fome. O bebê nasceu contra sua vontade, por cesariana, às vinte e cinco semanas. A mulher, que mais tarde entrou com uma ação por invasão de propriedade, negligência, assédio e agressão, foi tratada como uma incubadora. NP, grávida e mãe de crianças pequenas, sofreu uma lesão neural gravíssima e foi mantida viva às custas de aparelhos e contra a vontade de sua família. O hospital, com medo de violar a Constituição, entendeu que não tinha outra opção a não ser mantê-la viva artificialmente até que o feto nascesse. Seus pais e companheiro discordavam, e a história foi divulgada no noticiário, com detalhes horríveis e angustiantes sobre a condição física da paciente.

As mulheres que não consentiram – ou que não tinham como consentir – com as situações em que se encontravam foram tratadas como grotescos sacos de gestação. Uma Gilead, como em *O conto da aia*, um pesadelo do qual as mulheres irlandesas não conseguiam acordar. Falar do corpo na Irlanda, escrever sobre ele, é enfrentar esse roubo de autonomia. Examinar quem o controla ou tem direito a ele, e por que não existe legislação comparável que afete os homens.

★

Dois dias depois de minha primeira jornada para angariar votos, fui à ala oncológica de um grande hospital de Dublin fazer um check-up de rotina, para ter certeza de que minha leucemia não tinha retornado. Sentei-me na frente do meu médico e perguntei se ele se lembrava de como houve um contratempo com o anticoncepcional durante meu tratamento. Além de possuir qualidades que podiam salvar vidas, a principal droga que tomei na época também trazia advertências sobre graves danos fetais. Meu médico, um homem gentil e inteligente, mais receptivo que todos os muitos médicos com quem já lidei (somados), ouviu com preocupação na época e me receitou uma pílula do dia seguinte. Perguntei-lhe naquele momento se ele se lembrava do que me disse quando, doente e com medo, questionei o que teria acontecido caso a pílula não funcionasse e eu me descobrisse grávida. Quinze anos depois, ele se lembra exatamente de suas palavras, e responde sem hesitar: "Bem, teríamos que ter uma conversa". Me pergunto se é por causa da complexidade do meu caso ou porque já teve essa "conversa" com tantas de suas pacientes.

Sei como era impossível manejar a lei naquela época. Que, para uma paciente com câncer, a recuperação – e não a gravidez – é a prioridade. Suas mãos estavam completamente atadas pela realidade da legislação, embora nós dois soubéssemos que ficar grávida era apenas um pouco menos pior para minha saúde do que estar morta. Não gosto de pensar nesse "e se" por muito tempo. Considerar se estaria bem o suficiente para fazer uma viagem a Londres ou Liverpool. Ou se a lei teria me proibido de viajar e concluído que meu tratamento deveria ser interrompido para proteger a gravidez, com consequências fatais para mim.

★

Falar sobre saúde reprodutiva é falar sobre autonomia, agência, escolha e sobre ser ouvida. É também uma questão de dinheiro, classe, acesso e privilégio. A história da Irlanda – para as mulheres – é a história de nossos corpos. O objetivo para o futuro, em sua forma mais básica e despretensiosa, é igualdade, respeito, controle reprodutivo e remuneração isonômica. A mudança foi duramente conquistada. Engrenou por causa de mulheres que falam alto, protestam, marcham, fazem lobby e vão às ruas. Redirecionam suas histórias dos espaços privados para os holofotes públicos. No dia da votação, pensei em todas aquelas mulheres enquanto caminhava para votar com meu filho e minha filha. Estava quente, o sol era promissor, mas tentei não presumir que isso seria algum tipo de falácia patética. Na rua, tirei uma foto da minha filha ao lado da placa da seção eleitoral, seu corpo mostrando traços de suas próprias mudanças. Queria registrar aquele momento na esperança de que fosse o último dia em que seus direitos reprodutivos estariam fora do seu comando. O sol bateu em seus cabelos e vi como sua vida seria diferente. Ela me deu a mão e caminhamos para o ar fresco do corredor, para mudar o futuro.

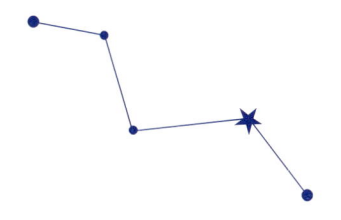

Uma não carta para minha filha
(que tem nome de rainha guerreira)

Escrevo para você, filha,
Ponho estas palavras em suas mãos,
Para ajudá-la a entender
Como vai ser o mundo
Para você que é menina.

Que a química e a biologia
conspiraram
em suas células.
Que, para alguns,
seu próprio ser é razão
para castigar,
seu corpo, uma advertência.
Um toque de sino.
Como o X, ou o duplo X, marca o local.
O alvo para aquilo que você não pode
fazer, ou dizer ou ser.

Veja bem, escrevo isso para você, filha,
Mas poderia escrever

Para o meu filho
Mas como canta o Joe Jackson
It's different for girls [É diferente para as meninas].

Sua meninice, essa injustiça
É algo em andamento – que o mundo
Enquanto se inclina e gira – vai te isolar
E você será avaliada pela sua aparência
Seu tamanho e seu rosto
O espaço que você ocupa
E se você dá ou não dá conta de engolir aquilo

Não sinta que você tem que sorrir
só porque
Alguém mandou.
Que você *olhe pra cá, linda,*
Que *ei, tô falando com você,*
Que *ei, sua vaca metida.*

Não mude se você não quiser
Mas a mudança é um salto em direção à luz
Crisálida, acerto e erro
Percebo que *não pode* não é uma sentença
que devíamos dirigir às meninas.

Seus pulmões foram
a sua última parte a funcionar
quando você nasceu cedo demais,
mas você canta, canta e canta.
E se alguém desprezar as notas que você *desliza,*
as canções que manda para o mundo
Cante mais alto. Seja ousada.

Não murche sua barriga de porcelana,
pele lisa como um ovo,
desses que você me faz cozinhar,
e só come a gema.

Agarre-se às boas amizades,
Àqueles meninos e meninas brilhantes
Que se iluminam quando seu nome é mencionado,

Não tente fazer que aquela garota goste de você
Não se preocupe quando for excluída

Alije toda carga ruim
Pessoas que falam pelo canto da boca,
Aqueles que se esforçam para evitar suas boas notícias,
que abrem simulacros de sorrisos quando o mundo sorri para você,
Pessoas que têm muito medo de tentar fazer
o que você um dia fará.

Seja uma andarilha, uma nômade
Uma itinerante, uma errante
Navegue por todos os mares,
Guie-se pelas estrelas
Trepe nas árvores, converse com os pássaros,
Semeie aonde quer que vá
Deixe pegadas em cada cidade
Beije e seja beijada.

Encontre suas irmãs,
De outras mães
Suas amazonas e bruxas

Constelações

Acredite em deuses e monstros
Se quiser

Nade em lagos e rios
Entre lascas de junco
O zumbido verde da água
Em seus ouvidos.

Abrace as alturas,
Escale mais alto
Penhascos e pontes não devem ser temidos
Sua respiração da montanha
Te permite suportar tudo

Cultive flores e vagueie
Por entre pólen e pétalas
Nunca se contente com o que você não quer ou não ama

Meça bem o mundo
como uma sacola cheia d'água
Tente adivinhar quanto pesa a vida que deseja.

Sua gabarolice de pavão
E espinha de tigre
Oh, seus olhos de vidro marinho

Não tenha medo,
não seja medrosa.
Não é a mesma coisa.
Não se preocupe com o que vai acontecer a seguir.

Presuma que há bondade por toda parte,
a menos que não haja,
e, nesse caso, seja a bondade.

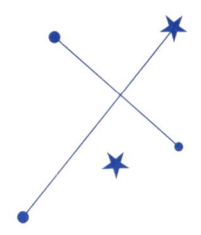

Eu sei o que é primavera:
Clarice, crônicas e Corcovado[5]

Introdução

Clarice Lispector (1920-1977) é uma das mais aclamadas escritoras do Brasil, tendo publicado contos, romances e *crônicas*.[6] Seu tradutor para o inglês, Giovanni Pontiero, descreve a coleção *A descoberta do mundo* como "uma miscelânea de aforismos, entradas de diário, reminiscências, notas de viagem e ensaios, vagamente definidos como 'crônicas': um gênero peculiar ao Brasil que permite a poetas e escritores abordar um público mais amplo em uma vasta gama

---

5. [N. T.] Este texto foi publicado originalmente no número 157 da revista *Granta*, em novembro de 2021, dedicado a novas narrativas de viagem e que também inclui um ensaio da brasileira Eliane Brum. "I Know What Spring is Like" não consta, portanto, da edição inglesa de *Constellations*, publicada em 2019 pela editora Picador.
6. [N. T.] A autora usa o termo em português, mesmo no original em inglês. Marcamos em itálico – além dos termos estrangeiros e daqueles grifados pela própria autora – o que também está em português no original, inclusive os subtítulos.

de tópicos e temas". A forma é curta e concisa. Cada seção geralmente leva um título próprio e varia de um punhado de linhas a três páginas e meia.

O ensaio que se segue toma emprestada a forma de uma coletânea de *crônicas*.

Mudando narrativas

Se o passado recente nos mostrou alguma coisa, é que os planos não são mais tão concretos como já foram. Agora, a forma como viajamos mudou, talvez para sempre. Tenho certeza de que não sou a única escritora desta coleção cujo destino-assunto originalmente escolhido teve que ser repensado. Surgiu a covid-19; um tsunâmi de cancelamentos, luto e medo. Proibições de viagem parecem insignificantes quando pessoas dependem de máquinas para inflar artificialmente seus pulmões. Quando os números – *os números* – continuavam subindo, e todos os dias quebravam-se novos recordes sem nenhum senso de vitória.

Tinham me pedido para que escrevesse sobre Lourdes: uma espécie de continuação de um dos primeiros ensaios que já publiquei (coincidentemente, na mesma revista *Granta*). Voltar a Lourdes e percorrer suas ruas com os olhos de adulta e não mais como uma menina de muletas, enfeitiçada pela religião e pela ideia de um milagre nos banhos gelados da gruta. Retornar àquela pequena cidade sagrada nos Pireneus seria como fechar um ciclo, algo mágico, um presente de encerramento e de minhas explorações. Mas não era para ser. Os voos que pesquisei nunca chegaram a ser reservados. O hotel – aquele com a bela vista e a piscina decente – permanece sem ser visitado. Nenhuma bebida foi consumida em seu belo terraço. Não haveria como transpor as colinas que chamei de "vertiginosas" naquele primeiro ensaio, percorrer a trilha sinuosa da procissão até a basílica; nenhuma imersão na água que um dia pensei ser curativa.

A jornada agora só poderia ser empreendida na mente, composta de memórias pré-existentes. E, ainda assim, a simetria é clara: o destino sobre o qual decidi escrever também está emaranhado em catolicismo e estátuas. Quente, não europeu e a um oceano inteiro de distância de Lourdes e da Irlanda. Eu não tinha como saber naquela época, mas havia muitas conexões – outras estátuas, um tipo diferente de misticismo – esperando por mim abaixo do Equador.

Cruzando o Atlântico

Em 2018, em um domingo frio de novembro, fiz o primeiro de três voos consecutivos que me levaram ao Brasil. Na segunda etapa, de Londres a São Paulo, me acomodei para ler os contos e *crônicas* de Clarice Lispector. O avião varou a noite, propulsivo. Quente e alheia aos dorminhocos ao meu redor, já estava entrando no mundo dela; um turbilhão de linguagem, uma espécie de desorientação que convém à lenta viagem noturna.

De São Paulo, voamos ao longo da costa, as ondas rufavam nos areais do litoral lá embaixo. Uma ilha solitária apareceu, como uma pedra sobre um cobertor. Ilha do Bom Abrigo, para onde pessoas escravizadas vindas de África iam secretamente antes de ser transferidas para o continente. A ilha abriga a *jararacuçu*, uma das cobras mais temidas da América do Sul, que pode atingir mais de dois metros de comprimento. Uma única mordida pode injetar veneno suficiente para matar dezesseis pessoas. Mais tarde descobri que são também nativas de Florianópolis, onde aterrissamos vinte e quatro horas depois de deixarmos Dublin. Nossa anfitriã sugeriu que almoçássemos no aeroporto. Todos estavam se sentindo meio mareados, como é comum depois de longas viagens de avião, enquanto nossa anfitriã explicava os vários pratos e os pedia para nós. Ouvindo sua conversa com o garçom, não sei por que, presumi que português soaria como espanhol (ambas são línguas românicas ibéricas ocidentais). Há ecos e entonações, certamente, até mesmo palavras semelhantes – *agua/ água* –, mas há algo vagamente eslavo no som. Penso imediatamente em Lispector, que nasceu no oeste da Ucrânia em 1920. Sua família chegou ao Brasil quando ela era ainda bebê. Na introdução a *Água Viva*, último romance de Lispector, o biógrafo Benjamin Moser escreve: "Paradoxalmente, quanto melhor se sabe o português, mais difícil é ler Clarice Lispector".

Écriture féminine

Eu tinha sido convidada ao Brasil para dar duas palestras, uma em uma universidade em Florianópolis, a noventa minutos de avião ao sul do Rio de Janeiro, e outra em um centro cultural do próprio Rio. A primeira era para estudantes de literatura irlandesa, especificamente sobre uma antologia que editei com contos escritos por irlandesas. Fiquei imaginando o que estudantes da UFSC (Universidade Federal de Santa Catarina) pensavam de nossa literatura; se encontrariam conexões entre seu país e o meu. Planejei discutir a obra de várias mulheres antologizadas, mulheres que escreviam em um mundo católico e patriarcal, sobre – e contra – a religião, o gênero e o que a teórica feminista Hélène Cixous chamou de "economia libidinal masculina". Muitas delas pactuaram com Cixous o conceito de *écriture féminine* – de uma escrita fora da esfera masculina, uma escrita da alteridade e de uma experiência distintamente feminina (muitas vezes experimental), enraizada no corpo. Cixous também escreveu profundamente sobre Lispector, descrevendo-a como "uma mulher que diz as coisas o mais próximo possível de uma economia feminina, ou seja, com a maior generosidade, a maior virtude, a maior doação possível". Cixous é uma das razões pelas quais a obra de Lispector vem sendo cada vez mais traduzida do português.

"Liberdade não é suficiente"

Florianópolis é uma ilha ligada ao continente do estado de Santa Catarina por três pontes, incluindo a Ponte Hercílio Luz, que é mais antiga que a Golden Gate, de São Francisco. Até o final do século XIX, a cidade chamava-se Nossa Senhora do Desterro. Quem mora aqui agora a chama de "Floripa". O caminho do hotel é margeado por palmeiras altas, contra o azul insistente do céu. Atrás do hotel, avista-se um morro recortado de construções sem nenhum padrão discernível. Era *primavera* e a piscina estava vazia, e fiquei meio desorientada por ter deixado o inverno de Dublin para trás. Em casa, estava tudo morto ou adormecido, cada botão e abelha, mas aqui, tão longe, o verão estava se aprontando, costurando seu traje deslumbrante de cores e texturas.

Estávamos todos cansados e retiramo-nos para os quartos depois que nos informaram que o local do jantar desta noite valeria a viagem. Sozinha, tentei sintonizar com o ambiente, havia um perfume doce no ar, o som intermitente de um canto de passarinho, uma espécie de boas-vindas. Sempre que chego a algum lugar tão longe de casa, ou cujo idioma não domino, sinto um choque de deslocamento se mover através de mim. Uma espécie de suspensão do tempo e do humor. Eu *sinto* e *não sinto*. Normalmente tenho vontade de caminhar, orientar-me e descobrir onde estou no mapa, a que distância do mar ou de montanhas. Havia um excesso de ambos aqui. Uma pequena varanda encerrava o quarto, projetando-se sobre um barranco de grama. Deitei-me nos lençóis frios, mas não consegui dormir.

Contaminação

Clarice Lispector temia que escrever com tanta frequência e tão publicamente (as *crônicas* apareciam semanalmente no *Jornal do*

Brasil) afetasse sua obra. "Estou apreensiva. Escrever demais e com muita frequência pode contaminar a palavra."[7]

Flor das cinco chagas

Ao pôr do sol da primeira noite, dirigimos pelo que pareceu muito tempo, mas foram apenas alguns quilômetros. O tempo pareceu diferente, expandido. Subimos morros e estradas estreitas, com vistas para a ilha. O sol desapareceu e a luz mudou gradualmente. O restaurante ficava na Ponta das Almas, ao lado da Lagoa da Conceição, no norte da ilha. Como se não bastasse estar rodeada de água, existia também uma grande lagoa subtropical, ligada ao oceano por um estreito canal.

No final de um cais de madeira, vi a linha branca e clara de um veleiro. Insetos nos sitiavam, então voltamos para dentro e provamos a bebida nacional do Brasil, a caipirinha, feita com cachaça, açúcar e limão. Senti uma sacudida deliciosa, azeda e refrescante, o limão fazendo arder o céu da minha boca. Chegaram saladas de frutas desconhecidas: carambola, açaí, pitanga, sua polpa escura brilhando. O Brasil responde por mais da metade da produção mundial de *maracujá*. Os missionários que aqui chegaram no século XVI estavam determinados a converter os povos indígenas ao cristianismo. Como parte de seus ensinamentos (e possivelmente para superar a barreira do idioma), usaram as cinco pétalas da flor do maracujá. Em português, o nome é *flor das cinco chagas*, representando cada chaga infligida a Cristo durante a crucificação.

Da mesma forma que a Irlanda, o Brasil é um país predominantemente católico. Essa influência se infiltra em edifícios, nomes

---

7. [N. T.] As citações de trechos de Clarice foram extraídas do box *Todos*, da Editora Rocco (2022), compilado por Benjamin Moser, biógrafo da escritora.

de lugares, frutas. No final da noite, aproximei-me de um grande aquário e observei duas águas-vivas, albúmen total, girando no azul néon. Em português, o nome popular das medusas é *água-viva*, um eco do título do romance de Lispector e seus muitos tentáculos, sua narrativa translúcida e misteriosa.

"Foda-se o sistema"

Após um café da manhã com *goiabada*, partimos para a universidade. O campus é grande e cheio de estudantes. As portas dos banheiros estavam cheias de pichações políticas, declarações antifascistas, o perene "foda-se o sistema" e, claro, Jair Bolsonaro. O tema da conferência era "(Con)Figurações de famílias na literatura irlandesa", e havia uma mesa-redonda focada na antologia de escritoras irlandesas. O conceito de literatura nacional é complexo: quais são os parâmetros de uma nação quando mediada pela escrita? Como abreviar os significantes do que é a nacionalidade, examinar a produção literária de qualquer país e suas fronteiras, e os costumes sociais ali encerrados? Os contos que discutimos eram, por um lado, intrinsecamente irlandeses, mas continham temas que pareciam ter ressonâncias no Brasil: mudança social, o domínio da Igreja, emigração, os fantasmas do colonialismo. O grupo de estudantes pareceu atento e interessado e o dia passou rápido.

Ao final, um jovem quis falar sobre a escritora anglo-irlandesa Elizabeth Bowen, cujo conto "The Demon Lover" [O amante demônio] o impressionou muito. Ambientado na Londres do pós-guerra, trata-se de uma narrativa atmosférica e sinistra. Há interpretações múltiplas (e conflitantes): é uma história de fantasmas? É sobre uma mulher entrando em um colapso nervoso? Os eventos alucinatórios daquela Londres dizimada e poluída de fato ocorrem? O estudante estava pensando em pesquisar mais sobre Bowen e queria ler mais de sua obra. Eu o encorajei a ler seus romances e a continuar seus estudos, embora soubesse que muitos desses alunos tinham obrigações econômicas com suas famílias.

Um tópico recorrente em todas as conversas era o então presidente Bolsonaro. Este aluno é gay e seus pais temiam por sua segurança, encorajando-o a voltar para o armário e a não amplificar sua sexualidade. A própria Bowen era bissexual e ficou no armário, reprimida naquela Irlanda religiosa: seu medo de exposição e de castigo ecoa através do Atlântico. Outra aluna havia sido expulsa da casa dos pais quando descobriram que era lésbica. Um grande número de estudantes falava do impacto tóxico da presidência em sua geração: o aumento de crimes de ódio encorajados pela homofobia. Pior, seus próprios pais estavam cada vez mais alinhados à retórica de Bolsonaro. Orgulhoso de ser homofóbico, o presidente certa vez declarou que preferia ter um filho morto a um filho gay. E como outro líder recente de um continente logo ao norte, muitas pessoas acreditam e apoiam seus pontos de vista. Durante o almoço, nossa anfitriã diz temer pela censura nas artes. É uma roda franca, embora desanimadora, de conversas.

Em 1964, houve um golpe militar no Brasil. Enquanto a maioria das classes médias comemorava nas ruas do Rio, onde ela morava, Lispector estava "arrasada". Em uma coluna naquele mesmo ano, escreveu sobre o que chamou de "a coisa social": sobre representar a desigualdade como escritora. "Em Recife os mocambos foram a primeira verdade para mim. Muito antes de sentir 'arte', senti a beleza profunda da luta. Mas é que tenho um modo simplório de me aproximar do fato social: eu queria era 'fazer' alguma coisa, como se escrever não fosse fazer. O que não consigo é usar escrever para isso, por mais que a incapacidade me doa e me humilhe."

Envolta de mar, drapejada de estrelas

No dia seguinte, visitamos Santo Antônio de Lisboa, assim batizado em homenagem a Santo Antônio de Pádua, nascido em 1195 em Lisboa – que, então, fazia parte da Espanha –, mas morto na Itália, aos 35 anos.

É padroeiro de muitas causas, entre elas, o auxílio para encontrar coisas perdidas, e o próprio Brasil é outra causa. Adianta-se a festa do dia do santo para o 12 de junho, conhecido como *Dia dos Namorados* e comemorado por casais de forma semelhante ao Dia de São Valentim. Perto da praia, fica a Igreja de Nossa Senhora das Necessidades, construída em meados do século XVIII. Atrás do campanário, encontra-se um cemitério bem cuidado e uma capela mortuária, Nossa Senhora de Lourdes, a mesma que seria deposta como tema deste ensaio. Lá dentro, há um púlpito elevado de madeira azul-claro e uma Madona Negra.

Não estava à procura de direção ou de sinais, porque já nem sou religiosa, mas sempre associei igrejas a lugares onde podemos enviar intenções ou acender uma vela. Meus pensamentos se voltaram para meu primeiro livro: minhas cópias antecipadas podiam chegar a qualquer momento e estava ansiosa. E então enxerguei: uma estátua da Virgem Maria, um eco de Lourdes. Aquele mesmo azul sonoro e sagrado, a face voltada para cima, dolorosa, em ambas as estátuas. Aquela se abrigando na sombra de uma pequena capela, longe de sua irmã castigada pelo tempo, exposta aos elementos o ano todo. Sempre que ela aparece – nas grutas irlandesas de beira de estrada ou aqui, sob o sol brasileiro –, estranhamente ainda encontro conforto em sua presença. Uma amiga escritora metodicamente fotografa as "Marias", então tiro para ela uma foto dessa Maria em seu manto azul-escuro e coberto de estrelas douradas. Envolta de mar e drapejada de estrelas. Stella Maris, Estrela do Mar. Uma semana depois, já de volta a Dublin, recebi uma cópia antecipada do meu livro no mesmo tom azul, com uma estrela dourada e raios prateados. Profética, alegórica.

Estátuas sagradas

As estátuas sempre me trazem a memória de minha avó, rezando fervorosamente ou "ficando com as estátuas", como se dizia em seu bairro pobre. Ela e Lispector nasceram em 1920. Uma cresceu em um cortiço em Dublin, a outra, em Recife. Para minha avó, as estátuas ofereciam uma conexão tangível com Deus; uma manifestação física de sua fé. Lispector subscrevia à ideia de que Deus está em lugar algum e em toda parte; em seus pensamentos mais profundos e lá fora, na vastidão verdejante da terra.

Nossa Senhora

Enquanto escrevia este ensaio, uma tradutora de Lispector, que descobriu que estou escrevendo sobre a autora, enviou-me um e-mail. Na linha do assunto: Nossa Senhora.

A hora da estrela

Embora a Irlanda e o Brasil sejam predominantemente católicos, ambos se tornaram mais secularistas nos últimos anos. Lispector foi criada no judaísmo, mas o abandonou, embora Deus e o divino permeiem sua escrita. O protagonista de *Um sopro de vida* pergunta: "Deus é uma palavra?". Rodrigo, em *A hora da estrela*, declara: "Deus é o mundo". Na biografia de Lispector, Moser descreve o conjunto de sua obra como "a maior autobiografia espiritual do século XX".

Seu interesse pelas obras do filósofo holandês Baruch Espinosa, particularmente pela *Ética*, aparece em seção de *Perto do coração selvagem*. Espinosa acreditava na ideia de *Deus sive natura*, que Deus e a natureza são intercambiáveis. Esse elemento panteísta da natureza e de Deus perdura na obra de Lispector. Em sua casa, ela tinha a obra *Anunciação*, quadro com uma Virgem Maria grávida e um arcanjo, do pintor italiano Angelo Savelli. Em *crônica* de dezembro de 1968, escreve: "Cada ser humano recebe a anunciação. (...) A missão não é leve: cada homem é responsável pelo mundo inteiro".

Há algo de ecológico nessas palavras, algo que ecoa na cabeça de qualquer viajante de longas distâncias. Embora Lispector resistisse à religião organizada em suas investigações sobre o divino, também foi atrás de videntes e de astrólogos. Em 1975, foi convidada a falar no Primeiro Congresso Mundial de Feitiçaria na Colômbia, onde leu seu conto "O ovo e a galinha" para uma plateia de bruxas e bruxos (Lispector foi muitas vezes chamada de "a grande bruxa da literatura brasileira"). Certa vez, em entrevista, disse a um jornalista: "Sou mística. Não tenho religião".

A montanha sem nome

K e J, duas irmãs que pesquisam literatura e cinema irlandês na UFSC, acompanham-nos até Santo Antônio. São divertidas e têm paciência quando falo inglês rapidamente. K é uma guia entusiasmada, ansiosa para saber mais sobre a Irlanda e quaisquer conexões entre nossas terras natais. Seu pai já trabalhou como policial em Santo Antônio, em uma delegacia perto da Praça Roldão da Rocha Pires, a primeira via a ser pavimentada no estado de Santa Catarina, a fim de receber o imperador Dom Pedro II em sua visita à cidade, em 1845. Contam que, quando eram crianças, ouviram dizer que a filha do imperador, a princesa Isabel, também tinha estado na Praça Roldão. Isabel foi uma figura importante na história colonial brasileira e aboliu a escravidão, em 1888, quando assinou a Lei Áurea.

Apesar das pontes, a ilha parece isolada do continente. Uma serra corre ao longo da baía oposta e, quando pergunto o nome, ninguém sabe. "Não tem nome", diz J, e gosto da ideia dessa montanha sem nome emergindo da terra. Dirigimos até o distrito de Jurerê Internacional, favorito de alguns dos jogadores de futebol mais famosos do Brasil. Tanto Ronaldinho quanto Ronaldo (apelidado de "O Fenômeno" no país) têm casas aqui, e Roberto Firmino, do Liverpool, iniciou sua carreira no Figueirense de Florianópolis. As casas imaculadas e a localização privilegiada exalam luxo, longe das *favelas* do Rio.

No caminho estreito que leva à praia, um enorme lagarto "teju" de mais de um metro surgiu de dentro dos arbustos. Dei um pulo e cedi a preferência, deixando-o passar. Ele se arrastou lentamente para a vegetação. Na praia, o mar é azul pálido sobre um chão de areia e refresca nossos pés. O teju me lembra dos muitos animais ficcionalizados por Lispector: galinhas, baratas, cachorros. Em *crônica* de março de 1971, escreve: "Não ter nascido bicho é uma minha secreta nostalgia. Eles às vezes clamam do longe muitas gerações e eu não posso responder senão ficando inquieta. É o chamado".

Avenida das Rendeiras

Em suas *crônicas*, Lispector retorna várias vezes aos anjos e à Anunciação. Não para demonstrar erudição bíblica, mas como uma exploração da questão da graça. Em "Estado de graça", de 1968, descreve a inspiração que sucede aos que lidam com arte como uma "graça especial", uma "irradiação quase matemática". Sua fonte não é a religião, mas a luz de outras pessoas, lugares e coisas. O estado de graça, escreve Lispector, deve ser de curta duração, episódico. Percebo isso na minha última noite em Florianópolis; a grata sensação de estar em um lugar onde sei que talvez nunca mais volte e que já está ficando na memória. Na última noite, vamos a um restaurante na Avenida das Rendeiras que só serve vinho tinto. Rodeada de pessoas, comendo *camarão na moranga*, um ensopado cremoso de camarão e queijo servido em uma abóbora oca, sinto aquela sensação de graça, curta e efêmera.

"Tudo era possível: pessoas de toda a espécie"

A conselho do cônsul da Irlanda, voamos para o aeroporto doméstico do Rio de Janeiro. A estrada do aeroporto internacional é considerada perigosa para turistas e há casos de sequestro. Florianópolis não foi uma apresentação realista do Brasil e não me preparou para a pobreza no Rio. O caminho que sai do aeroporto é repleto de casas minúsculas cobertas apenas por telhas de amianto. Passamos por pessoas que vivem debaixo de pontes e jovens nas margens das vias, vendendo mercadorias em grandes embalagens envoltas em plástico para mantê-las secas. As *favelas* estão por toda a cidade: Pavão, atrás de Copacabana; Babilônia, acima do Leme; Providência é considerada a *favela* mais antiga, e a Rocinha, a mais populosa, com 100 mil habitantes. Sempre que chego a algum lugar novo, meu primeiro instinto é sair e treinar minha bússola interna para aquela cidade, vagando pelas ruas. Porém, me aconselham a ficar na orla e evitar as ruas secundárias. O hotel tem vista para Copacabana, então parto para uma tarde monótona, ao longo dos entrelaçados tons de cinza e creme da *calçada portuguesa* entre a rua e a famosa praia.

Sinto-me instantaneamente no mundo de Lispector, aquele que tanto aparece nas *crônicas*. Em "Perdoando Deus", ela caminha pela Avenida Copacabana, imaginando-se "a mãe de Deus, que era a Terra, o mundo". É uma experiência quase religiosa – só que o devaneio é interrompido quando pisa em um rato morto. Vários de seus contos (esse inclusive) começaram como *crônicas*. Um pouco mais adiante, à beira-mar, avistei a imaculada fachada *art déco* do hotel Copacabana Palace, cenário do filme *Voando para o Rio* (1933), com Fred Astaire e Ginger Rogers. No conto "A bela e a fera ou a ferida grande demais", a esposa de um rico banqueiro carioca sai do salão do hotel e aguarda o chofer. Um mendigo pede dinheiro, e a repulsa inicial da mulher se transforma em um acerto de contas filosófico: "No plano físico eles eram iguais... Mas na Avenida Copacabana tudo era possível: pessoas de toda a espécie. Pelo menos de espécie diferente da dela". O conto captura algo que ainda divide o Rio: o abismo entre riqueza e pobreza. Estávamos no meio da semana e o tempo estava nublado, mas ainda havia vendedores e ambulantes na orla. Numa perpendicular da *avenida*, duas mulheres sem-teto dormiam no chão amontoadas, alheias a pedestres.

Mudei de direção e caminhei rumo ao Leme, para onde Lispector se mudou em 1959, já separada e mãe de dois filhos. A região recebe o nome de "leme" por causa de uma grande rocha que remete a essa parte do navio. Clarice se sentia em casa aqui, no final de Copacabana. Numa mureta ao longo do *Caminho dos pescadores*, está a estátua de bronze de Lispector e seu fiel cão, Ulisses, feita pelo escultor Edgar Duvivier, com a praia ao fundo. Quem lê o mínimo que seja sobre a vida de Lispector encontra muitas referências a como ela era uma eremita desinteressada que evitava socializar, embora gostasse de caminhar e de passear pelos mercados com seus filhos – ainda que seja um exagero pensar nela como uma *flâneuse*. Mas a cidade é um coração pulsante em grande parte de sua obra. Se a narrativa em si é ambígua, quebrando a cronologia, os lugares em sua obra são alfinetes em um mapa: Catete, Leme, Cosme Velho, Botafogo. Em 2020, apareceu na internet uma foto da estátua com Clarice e Ulisses usando máscaras.

A moral do jardim

Depois da lagoa em Floripa, tive um encontro inesperado com outro corpo d'água no centro do Rio. A Lagoa Rodrigo de Freitas fica perto do Jardim Botânico, onde Lispector gostava de caminhar e que aparece com frequência em sua obra, proporcionando o tipo de consolo que sua personagem Ana encontrava inicialmente no conto "Amor": "A vastidão parecia acalmá-la, o silêncio regulava sua respiração. Ela adormecia dentro de si". Ana foge das obrigações da vida doméstica, mas o tempo passa rápido e o espaço ao seu redor torna-se estranho e sinistro, a podridão tomando cada planta e criatura. Em *Água Viva*, a narradora anônima vê-se igualmente estafada. "No Jardim Botânico, então, fico exaurida. Tenho que tomar conta com o olhar de milhares de plantas e árvores e sobretudo da vitória-régia."

Os tubarões

O clima no Rio estava mais frio que em Florianópolis, mais instável e nublado, o céu todo um cinza marmorizado. Antes do evento daquela noite, fui ao bar da cobertura para apreciar a vista do mar. Sem pensar muito, fiz uma busca por "Copacabana" e "tubarão" no meu celular e descobri que houve vários ataques, alguns fatais. Nos resultados, achei uma manchete bem sensacionalista sobre o Recife, onde Clarice Lispector cresceu. Nos vinte anos que precederam 2012, em um trecho de vinte quilômetros das praias do Recife, aconteceram cinquenta e seis ataques de tubarão, vinte e um fatais, a maior taxa de ataques de tubarão do mundo. Na piscina do hotel, dois homens tiravam fotos um do outro, mostrando os dentes, pulando na água. Repetem o pulo várias vezes em uma tentativa de obter a foto perfeita e bem montada. Começou a chover e foi difícil não admirar seu empenho nessa estranha coreografia. À direita, as ondas de Copacabana escureciam, formando uma meia-lua até Ipanema, onde seria realizado o evento.

Ipanema

O local do evento em Ipanema era a Casa de Cultura Laura Alvim, que leva o nome da filha de um famoso médico da cidade. Na casa virada para a praia de Ipanema, uma mulher contou que Laura foi a inspiração para "Garota de Ipanema", de Antônio Carlos Jobim, apesar de Laura já ter cinquenta anos em 1964, quando a música foi lançada. O teto é todo abobadado e, depois do evento, estava admirando seus tons de arco-íris quando uma mulher mais velha se aproximou. Seu cabelo estava impecável, seu rosto, muito maquiado. Com orgulho, declarou a) ter sessenta e oito anos e b) ser uma grande apoiadora de Bolsonaro ("Ele é ótimo... muito bom para o país"). Conversei com outro convidado sobre Lispector e descobri com ele que ela traduziu Oscar Wilde e Jonathan Swift. Apesar do interesse mútuo pelas epifanias e por ter tomado emprestada a expressão "perto do coração selvagem" de *Retrato do artista quando jovem*, Lispector nunca traduziu Joyce e ainda não o tinha lido quando publicou seu primeiro livro.

Saí para o terraço com vista para o mar e pensei em "Enquanto vocês dormem", outra de suas *crônicas*. Sem conseguir dormir, Lispector caminha por um terraço no meio da noite, ouvindo e observando as ondas. O mar à noite fica remoto, solitário, e sua escuridão a faz pensar em todas as pessoas que ama, enquanto elas dormem ou socializam. A milhares de quilômetros dali, meu marido e meus filhos estavam fazendo exatamente isso e, em breve, levantariam seus corpos da cama para começar o dia seguinte. Lispector frequentemente escrevia sobre seus filhos nas *crônicas*, mas temia que a forma levasse quem a lia a enquadrar sua obra como autobiográfica.

O que escreveu sobre os filhos são suas palavras menos opacas, cheias de amor, mas também de medo e de exaustão. Em Ipanema, o vento estava forte, as gotas de chuva faziam espumar as ondas da baía.

Lusófonos

O espanhol é a língua dominante na América do Sul, mas há mais de 250 milhões de *lusófonos* nos dez territórios soberanos onde o português é a língua oficial (o Brasil, com 210 milhões de pessoas, tem o maior número de falantes de português do mundo). Enquanto estava escrevendo este ensaio, recebi um e-mail de uma pesquisadora que conheci em Santa Catarina e que queria traduzir minha coleção de ensaios, já tendo procurado uma editora brasileira. Perguntei-me como minhas palavras soarão neste idioma desconhecido – *constelações, sangue, quadril, fantasma*.

Um dos ensaios trata do recente referendo sobre o aborto na Irlanda, e a tradutora e eu discutimos sobre a vizinha, Argentina, que tinha acabado de votar pela legalização do aborto. Bolsonaro declara que nunca permitirá que isso aconteça no Brasil: "Lamento profundamente pelas vidas das crianças argentinas, agora sujeitas a serem ceifadas no ventre de suas mães com anuência do Estado. No que depender de mim e do meu governo, o aborto jamais será aprovado em nosso solo. Lutaremos sempre para proteger a vida dos inocentes!". A linguagem é extremamente parecida com o que ouvi das polêmicas criadas por facções irlandesas pró-vida contra a campanha pela revogação da 8ª Emenda, em 2018.

No dia seguinte ao tuíte de Bolsonaro, *Diva*, da artista Juliana Notari, apareceu em um morro próximo a um museu em Pernambuco. Com trinta e três metros de altura, dezesseis metros de largura e dois metros de profundidade, a obra lembra uma ferida aberta na colina, mas é, de fato, uma vagina gigante, feita de concreto e resina.

Notari afirma que representa ambas as coisas e que seu objetivo é questionar "a relação entre natureza e a cultura em nossa sociedade ocidental falocêntrica e antropocêntrica". A obra provoca ira e escárnio nos círculos de direita, e o mentor político de Bolsonaro, Olavo de Carvalho, sugere que um pênis gigante fosse construído do lado oposto. Notari, assim como Lispector, é recifense.

Inframince

De 1967 a 1973, Lispector foi uma das poucas mulheres *cronistas*, escrevendo o que queria dentro do mundo patriarcal brasileiro. A forma – assim como sua plataforma pública – permitiam que ela dissesse e fosse quem quisesse, borrando as linhas para quem fosse lê-la. Poderia ser categórica ou amorfa; resistir a declarar quais elementos de sua escrita eram ficção e quais não ficção. Sua obra tem como base lacunas que se aproximam, mas não se encontram. Para mim, incorporam o conceito do *inframince*, de Marcel Duchamp: algo que está num entrelugar indefinível. Visitar uma cidade é muito parecido. Estar *no* lugar sem ser *de* lá.

Corcovado

Estátuas não pararam de aparecer nessa viagem, e ainda faltava uma: uma das mais famosas, não apenas no Rio, ou no Brasil, mas reconhecida por milhões em todo o mundo. Depois da Virgem Maria, em Santo Antônio de Lisboa, e da Clarice de bronze, no Leme, não pude negligenciar o *Cristo Redentor*. Nuvens espessas e em tons metálicos convergiam no cume, enquanto comprávamos as passagens e embarcamos em um ônibus para começar a subida. Aproximando-nos do céu a cada curva, a chuva batia no para-brisa. A visibilidade era ruim e demoramos alguns minutos para perceber que estávamos atravessando uma nuvem. A pressão fez meus ouvidos entupirem. Estávamos de olho no *Cristo*, esperando que ele emergisse das nuvens de maneira bem bíblica. A rota subia pela floresta da Tijuca, hoje um parque nacional, uma imensa área que se estende a partir dos centros urbanos de Copacabana e Botafogo. É uma das maiores florestas urbanas do mundo e aparece no romance de Lispector *Uma aprendizagem: Ou o livro dos prazeres*.

A chuva torrencial seguia rua abaixo em uma enxurrada, enquanto nos aglomerávamos no pequeno elevador. Através do vidro, só havia árvores e nuvens, e subimos pela floresta tropical. A montanha mesmo é chamada de Corcovado, que se pode traduzir como "corcunda" em português. Tem 710 metros de altura. O morro foi originalmente chamado de Pináculo da tentação pelos colonizadores no século XVI, em referência à tentação final de Cristo. Na Bíblia, o Diabo levou Jesus a um "lugar altíssimo", de onde podiam ser vistos "todos os reinos do mundo", sugerindo o tamanho do que faria parte dos domínios de Jesus caso cedesse a Satanás. O *Cristo Redentor* é impressionante, mesmo envolto em nuvens, e, talvez por causa do clima, pareça possuir uma desolação nitidamente religiosa.

A lendária vista estava tampada, não era possível enxergar Copacabana, o Pão de Açúcar ou as *favelas*. Mas estávamos rodeados de nuvens, o que quase compensou. Marcos famosos exigem um certo tipo de procedimento: circular, olhar, esperar um tempo respeitável antes de sacar a câmera. Um certo tipo de comportamento também é esperado em monumentos religiosos. Inclinando meu celular para cima, tentei descobrir como capturar Jesus e a envergadura de 28 metros de seus braços. Nossa anfitriã mencionou que pelo menos essa foto seria única: o oposto de um idílio de cartão-postal ou *selfies* raiadas de sol. Um tipo diferente de *memento*. Inclinei meu telefone em direção ao abraço de concreto do Cristo e cliquei.

Bordas, circunferências

Desde o início de 2020, as bordas do mundo tornaram-se rígidas. Tudo parece mais distante, menos tangível do que realmente é. Se eu tivesse voltado às colinas de Lourdes, este ensaio não existiria. Eu não teria como contar sobre a ilha do Bom Abrigo e o veneno da jararacuçu; os elaborados pratos de camarão em Florianópolis, as estátuas sagradas, florestas tropicais e o misticismo de Clarice Lispector. As circunferências da vida são pequenas, mas os cruzamentos acontecem quando menos esperamos.

Em janeiro de 2021, K – uma das irmãs que me levou até Santo Antônio de Lisboa, em Floripa – veio estudar em Dublin. Não pudemos nos encontrar por causa da restrição de deslocamento de, no máximo, cinco quilômetros e pela proibição de visitas domiciliares. Cafés e restaurantes estavam fechados, então não pudemos comer camarão, nem procurar um barman em Dublin que soubesse fazer caipirinha. Quis pedir desculpas pela ferroada específica dos invernos irlandeses, lamentar o fato de não estarmos sentadas ao sol em Santo Antônio, olhando para a montanha sem nome. Mas nos encontraremos em breve, quando estiver mais quente, quando a cidade, como todas as cidades, parecer menos desconsolada do que no frio, quando não escurecer mais às 17h. Quando o mundo se abrir – vasto, indecifrável –, e nossos horizontes coletivos se expandirem outra vez. Em uma de suas últimas *crônicas*, intitulada "Refúgio", Clarice se imagina em uma floresta rodeada de borboletas; é uma experiência imersiva, focada em viagens mentais, em abraçar o presente e encontrar contentamento onde for possível. É estranhamente zen, uma fonte inesperada de consolo nestes tempos em que o mundo está em descompasso.

"Cada um de nós está no seu lugar, eu me submeto com prazer ao meu lugar de paz."

Tempo perdido

Um lugar não é especial se você mora lá o tempo todo. Para os cariocas, Copacabana é apenas mais uma praia, uma meia-lua de areia fina. Em *Água Viva*, Clarice quer "capturar o agora", que é o que acontece quando se escreve sobre um lugar específico. Cada passo, cada milha é um ato de cartografia. O dia e a hora quando você parte importam: pode-se ter uma visão gloriosa e ensolarada do *Cristo Redentor* ou da estátua meio submersa nas nuvens, uma divindade melancólica. Em um pequeno ato de significado clariciano, perdi meu relógio em Florianópolis. Refiz o caminho arborizado até a minha porta, verifiquei a sacada onde tomei uma saideira para melhorar a sensação de jet lag, sem muito sucesso. Se a perda tivesse acontecido dois dias antes, eu poderia ter acendido uma vela para Santo Antônio na igreja em Santo Antônio de Lisboa, deixando um pedido para que o relógio voltasse para mim – mas nunca mais o vi. Se a bateria não tiver acabado, ainda pode estar marcando as horas, perdido perto daquele cemitério à beira-mar ou nas areias de Jurerê. Quatro horas atrás de Dublin até seu tique-taque final. Cada vez que visitamos um lugar, uma pequena parte de nós fica para trás, pulsando, pulsando, até que voltemos e todas as possibilidades sejam recompostas.

Agradeço a Stefan Tobler a ajuda com algumas das traduções do português.

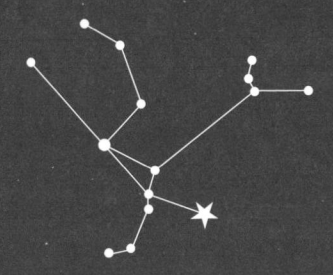

Andrômeda
(*Andromeda*)
Colinas azuis e ossos de giz

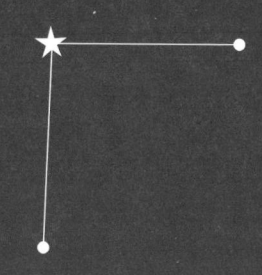

Cabeleira de Berenice
(*Coma Berenices*)
Cabelo

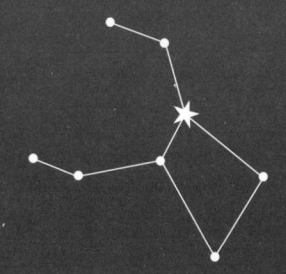

Taça (*Crater*)
60.000 milhas de sangue

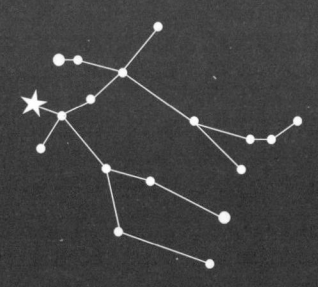

Gêmeos (*Gemini*)
Sobre a natureza atômica
dos trimestres

Hidra fêmea (*Hydra*)
Panóptico: visões do hospital

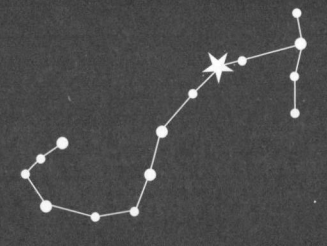

Escorpião (*Scorpio*)
As luas da maternidade

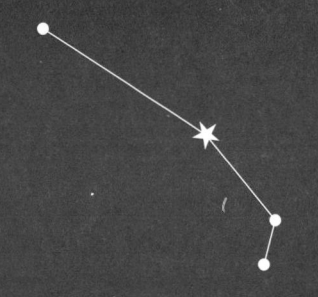

Áries (*Aries*)
As assombrações das mulheres assombradas

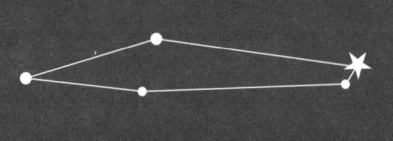

O Camaleão (*Chamaeleon*)
Onde dói?

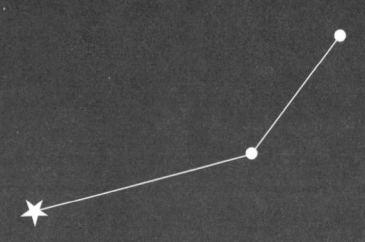

Pintor (*Pictor*)
A ferida emite luz própria

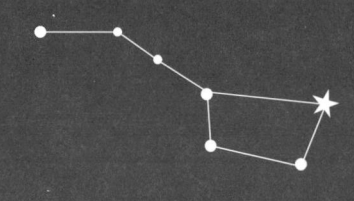

Ursa Maior (*The Plough*)
Doze histórias de autonomia corporal

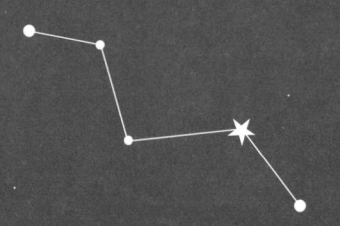

Raposa (*Vulpecula*)
Uma não carta para minha filha

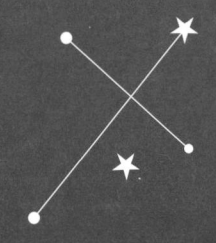

Cruzeiro do Sul (*Crux*)
Eu sei o que é primavera

Sobre a autora

Sinéad Gleeson é escritora de ensaios, crítica e ficção. Com esta coleção ensaística publicada em 2019, ganhou o prêmio de melhor livro do ano de não ficção do Irish Book Awards, o prêmio literário de Dalkey para escritores emergentes e foi selecionada para os prêmios Rathbones Folio, James Tait Black Memorial e Michel Déon. Editou as antologias igualmente premiadas *The Long Gaze Back: An Anthology of Irish Women Writers* [O olhar retrospectivo: uma antologia de escritoras irlandesas] e *The Glass Shore* [A costa de vidro], bem como *The Art of The Glimpse: 100 Irish Short Stories* [A arte do vislumbre: 100 contos irlandeses]. Em 2022, coeditou, junto a Kim Gordon, do Sonic Youth, a coleção *This Woman's Work: Essays on Music* [This woman's work: ensaios sobre a música]. Sinéad também colabora com artistas em performances e instalações sonoras. Sua obra já foi traduzida para vários idiomas e seu romance de estreia, *Hagstone*, será publicado em abril de 2024 pela 4th Estate. Ela vive em Dublin.

Sobre a tradutora

Maria Rita Drumond Viana é tradutora e professora de literatura na Universidade Federal de Ouro Preto. Seu envolvimento com a literatura irlandesa intensificou-se durante o doutorado na Universidade de São Paulo e o doutorado-sanduíche na Universidade de Oxford. Ainda na Universidade Federal de Santa Catarina, cofundou o Núcleo de Estudos Irlandeses e participou da organização de diversos eventos, dentre os quais o que trouxe Sinéad Gleeson para o Brasil em 2017. Para o pós-doutorado na Universidade de Toronto, voltou sua atenção para Virginia Woolf e cotraduziu, com Carol Mesquita, o ensaio *Sobre estar doente* (Nós, 2022). Fundou também o KEW – Kyklos de Estudos Woolfianos, um grupo de pesquisa que tem como objetivo dar visibilidade para quem trabalha com Woolf no Brasil. É a atual vice-presidente da International Yeats Society, dedicada à divulgação do poeta e dramaturgo irlandês, ganhador do Nobel há exatos 100 anos.

© Sinéad Gleeson, 2019
© Relicário Edições, 2023

Dados Internacionais de Catalogação na Publicação (CIP) de acordo com ISBD

G555c

Gleeson, Sinéad

Constelações: Ensaios do corpo / Sinéad Gleeson; tradução por Maria Rita Drumond Viana. – Belo Horizonte: Relicário, 2023.

216 p. ; 14,5 x 21 cm.
Título original: *Constellations: reflections from life*
ISBN 978-65-89889-78-6

1. Ensaios irlandeses. 2. Mulheres – Condições sociais – Irlanda. 3. Corpo humano – Literatura. I. Viana, Maria Rita Drumond. II. Título.

CDD: 828.9915
CDU: 821.111

COORDENAÇÃO EDITORIAL Maíra Nassif Passos
EDITOR-ASSISTENTE Thiago Landi
PROJETO GRÁFICO, CAPA E DIAGRAMAÇÃO Ana C. Bahia
PREPARAÇÃO Fernanda Lobo
REVISÃO Thiago Landi

LITERATURE IRELAND
Promoting and Translating Irish Writing

This book was published with the support of Literature Ireland.
Este livro foi publicado com o apoio da Literature Ireland.

/re.li.cá.rio/

Rua Machado, 155, casa 1, Colégio Batista | Belo Horizonte, MG, 31110-080
contato@relicarioedicoes.com | www.relicarioedicoes.com
@relicarioedicoes   /relicario.edicoes

1ª EDIÇÃO [2023]

Esta obra foi composta em Freight Text, Freight Sans e PP Fragment e impressa em papel Pólen Soft 80 g/m² para a Relicário Edições.